Über katalytische Verursachung im biologischen Geschehen

Von

Alwin Mittasch

Berlin
Verlag von Julius Springer
1935

ISBN-13: 978-3-642-98397-9   e-ISBN-13: 978-3-642-99209-4
DOI: 10.1007/ 978-3-642-99209-4

Alle Rechte, insbesondere das der Übersetzung
in fremde Sprachen, vorbehalten.
Copyright 1935 by Julius Springer in Berlin.
Softcover reprint of the hardcover 1st edition 1935

Hans Driesch

in Verehrung

gewidmet

Vorwort.

„Wir bekommen gegründeten Anlaß, zu vermuten, daß in den lebenden Pflanzen und Tieren Tausende von katalytischen Prozessen zwischen den Geweben und Flüssigkeiten vor sich gehen."

BERZELIUS 1835.

Es erscheint heikel, wenn ein Chemiker zu biologischen Fragen Stellung nimmt, und er muß darauf gefaßt sein, daß man von ihm dasselbe sagt, was BERZELIUS einst an seinen Freund FR. WÖHLER über LIEBIG geschrieben hat (Brief vom 29. März 1842): „Er hat wohl niemals Anatomie und Physiologie studiert!"

Wenn trotzdem der Verfasser in einer Zeitperiode, da unser Wissen um die anorganische und auch die organische Katalyse einen hohen Entwicklungsstand erreicht hat, die Grenzfrage aufwirft, wie weit sich der Begriff der Katalyse in dem Reiche des Lebendigen verfolgen läßt, so möge dieses Wagnis einer jahrzehntelangen Beschäftigung mit *technischer Katalyse* zugute gehalten werden; die endgültige Antwort auf jene Frage aber soll der Biologie unbenommen sein! — Es ist auch heute noch nicht gebührend bekannt, eine wie wichtige Rolle die Katalyse im Gesamtbereich der Chemie spielt: eine technische Chemie ohne Katalyse würde nur ein kümmerlicher Torso, ja schließlich ganz unmöglich sein; und ebenso undenkbar sind irdische Organismen, in denen die Katalyse nicht ihre bestimmende und richtende Tätigkeit ausübte. Mit Nachdruck betont worden ist diese grundlegende Bedeutung der Katalyse für das Leben zum ersten Male von BERZELIUS. der mit seherischem Blick darauf hingewiesen hat, daß die Katalyse, deren Herrschaft schon in der anorganischen Welt beginnt, in der lebendigen Natur ihre höchsten Triumphe feiert. So kann die Katalyse geradezu als der wahre „Stein der Weisen" angesehen werden, da sie scheinbar Unmögliches möglich macht.

Den äußeren Anlaß zu der Arbeit, die mit fast gleichlautender Bezeichnung und dem Untertitel: „Auch ein BERZELIUS-Gedenken" zuerst in der Zeitschrift „Die Naturwissenschaften" (Jahrgang 1935, S. 361ff.) erschien, bot das Jahrhundert-Gedenken an die Aufstellung des Katalysebegriffes durch BERZELIUS im Jahre 1835; und es soll in der erweiterten Fassung, in der jene Arbeit hier erscheint, im Text die Beziehung auf BERZELIUS erhalten bleiben, der nach seinem Ableben 1848 von EMANUEL GEIBEL mit hohen Worten gepriesen worden ist:

> „In den unsterblichen Kranz um Berzelius' ruhende Stirne
> Windet auch Deutschland gern Blätter der Eiche hinein.
> Denn ihn liebte Mutter Natur, und den faltigen Schleier
> Schlug sie lächelnd zurück vor dem begünstigten Sohn."

Heidelberg, im Dezember 1935.

A. MITTASCH.

Inhaltsverzeichnis.

I. Spezieller Teil.

Seite

1. **Der Katalysatorbegriff nach Form und Inhalt** 1
   BERZELIUS als Schöpfer des Katalysebegriffes 1
   Unzulänglichkeit der OSTWALDschen Katalysedefinition für die Biologie; wesentliche Merkmale der Katalyse 3
   Formen der Katalyse; spezifische Wirkung; stoffliche Aktivierung und Hemmung 7
   Theorie und Reaktionsmechanismus der Katalyse; Verlauf über Zwischenverbindungen und Zwischenzustände 10
   Der Katalysator kein energielieferndes Agens 15
   Beziehung der Katalyse zur stofflichen Induktion (Reaktionskopplung) 12
   Übersicht 17

2. **Biokatalysatoren verschiedener Art** 17
   Allgemeines 17
   Enzyme; ihre Stellung im Gebiet der Katalyse; Formen und Grundlagen; Fermentmodelle; Frage der Bildung im Organismus . . 18
   Enzymreaktionen im allgemeinen 27
   Biokatalysatoren in Infektions- und Immunitätsforschung . . 28
   Verschiedenartige Biokatalysatoren 29
   Hormone und Wuchsstoffe 31
   Vitamine 35
   Rückblick 36
   Organisatoren oder Formbildungsfaktoren 38
   Erbfaktoren oder Gene 40

3. **Beziehungen zu Reizwirkung und Instinkthandlung; Überblick und Grenzbetrachtungen** 43
   Reizwirkungen 43
   Überblick über die Biokatalysatoren und den Umfang ihrer Wirkung 47
   Frage hinsichtlich nichtstofflicher (rein dynamischer) Lenker und Regler als höherer Potenzen; das Biofeld als „Führungsfeld"; universelle Bedeutung der Biokatalyse trotz allem 51

II. Allgemeiner Teil.

4. **Katalysatoren als richtunggebende Ursachen** 54
5. **Beziehungen der Biokatalyse zum Ziel- und Zweckbegriff und zur Ganzheit; Stellung der Katalyse im Organismus** 60
   Der Biokatalysator als teleokausaler Faktor 60

Ganzheit im allgemeinen und im besonderen Sinne; Beziehung zu
Kausalität und Zweck; Ganzheitszüge in der Katalyse 66
Der Organismus; das biologische Feld; Biokatalysatoren in übertragenem Sinne (Pseudokatalyse) 73
Beziehungen des Katalysators zu den Begriffen „Lebenskraft" und
„Lebensstoff" (Protoplasma); Mechanismus und Vitalismus;
Obergesetzlichkeit des Lebens 77
6. Psychophysische und metaphysische Ausblicke; der Biokatalysator als Modell und als Instrument „höherer Potenzen". 88

III. Abschließender Teil.

7. BERZELIUS' katalytisches Vermächtnis 92
8. Zusammenfassung 93
Anmerkungen 95
Nachwort 121
Namenverzeichnis 123

I. Spezieller Teil.

1. Der Katalysebegriff nach Form und Inhalt.

BERZELIUS als Schöpfer des Katalysebegriffes.

Nachdem durch KANTS „Kritik der Urteilskraft" die Grenzen der *teleologisch-biologischen Begriffe: Naturzweck, Lebenskraft und Formtrieb* („nisus formativus" von BLUMENBACH) philosophisch umrissen worden waren, hat die biologische Wissenschaft des 19. Jahrhunderts (Physiologie, Morphologie und Entwicklungslehre) in lebhaftem Hin und Her angefangen, jene Begriffe mit zuverlässigem Inhalt anzufüllen. Dabei hat ihr die *Chemie* des Jahrhunderts vor allem in zwei Punkten nützliche Hilfe geleistet: Einmal wurde gezeigt, daß zahllose *chemische Bestandteile der Organismen*, die zuvor dem Wirken der „Lebenskraft" zugeschrieben worden waren, auch von der Kunst des Chemikers aus „anorganischem" Material hergestellt werden können, von FR. WÖHLERS Oxalsäure aus Cyan (1824) und Harnstoff aus Ammoniumcyanat (1828), PELOUZES Ameisensäure aus Blausäure (1831) und KOLBES Essigsäuresynthese (1845, aus Schwefelkohlenstoff, Chlor und Wasser) über die wichtigen synthetisch-organischen Arbeiten von BERTHELOT (um 1860) bis zu dem Reichtum der Farbstoff- und Alkaloidsynthesen, dem Aufbau von Zuckerarten und Riechstoffen und bis an die Schwelle des Eiweiß (EMIL FISCHER) sowie bis zur Synthese einzelner Hormone und Vitamine[1].

Andererseits ist der Chemie des 19. Jahrhunderts auch der wichtige Nachweis gelungen, daß die „wahlhaft" und „gerichtet" erscheinenden *chemischen Vorgänge im Organismus*, die zuvor als Äußerungen der Lebenskraft angesehen worden waren, ihr Gegenstück haben in Reaktionen, die schon in der Werkstätte des Chemikers gelingen, sofern bestimmte, besonders wirksame stoffliche *Hilfsmittel* angewendet werden[2].

Hier war es zuerst ein schwedischer Forscher, der entschlossen einen großen Teil dessen, was bisher jener Lebenskraft zugeschrieben worden war, auf eine *allgemeine chemische Erscheinung oder „Kraft"* zurückführte, die auch im Reiche des Anorganischen bereits wirksam sei. Dieser Mann war JAKOB BERZELIUS in Stockholm (1779—1848), Mediziner und Physiolog von Studium und Neigung her, zugleich einer der berühmtesten Chemiker seiner Zeit, der das „Gesetz der festen Gewichtsverhältnisse chemischer Verbindungen" experimentell streng bewiesen und auch im übrigen der Chemie des Zeitalters vielfach neue Wege gewiesen hat.

Seit 1820 gab BERZELIUS regelmäßig „Jahresberichte über die Fortschritte der physischen Wissenschaften" heraus, die sein Freund FR. WÖHLER in Göttingen ins Deutsche übersetzte. Nun war es etwa Februar 1835, daß er für den Jahresbericht über 1834 (deutsch erschienen 1836) am Anfang des Kapitels „Pflanzenchemie" einen — bald berühmt gewordenen — Artikel schrieb über: „Einige Ideen über eine bei der Bildung organischer Verbindungen in der lebenden Natur wirksame, aber bisher nicht bemerkte Kraft"[3]. Er gibt hier eine Zusammenstellung damals bereits bekannter, eigenartiger und kurz zuvor von E. MITSCHERLICH als „Kontaktreaktionen" bezeichneter Vorgänge, wie DÖBEREINERS Knallgas-Entzündung mit Platin (1823) und THÉNARDS Zersetzung von Wasserstoffsuperoxyd durch Platin usw., und bezeichnet diese als *wesensgleich* mit gewissen Vorgängen in der organischen oder lebenden Natur, wie demjenigen der Vergärung von Zucker zu Alkohol durch Hefe oder dem Vorgang in den Wurzelknollen der Kartoffel, wo das in den „Augen" enthaltene „Diastas" (Name von PAYEN und PERSOZ 1833) rechtzeitig die Kartoffelstärke in löslichen Zucker für die hervorsprossenden Keime umwandelt. Diese Erscheinung kommt, wie BERZELIUS sagt, durch die „*katalytische Kraft*" zustande, die darin besteht, daß „*Körper durch ihre bloße Gegenwart chemische Tätigkeiten hervorrufen, die ohne sie nicht stattfinden*", eine Kraft, die im Anorganischen bereits anhebend, im Reich des Lebendigen zu ihrer vollsten Entfaltung gelangt. Wir bekommen, sagt er, „gegründeten Anlaß, zu vermuten, daß in den lebenden Pflanzen und Tieren Tausende von katalytischen Prozessen zwischen den Geweben und Flüssigkeiten vor sich gehen", und daß auf diese Weise aus dem *einen* Pflanzensaft oder Blut eine Unmenge verschiedener chemischer Verbindungen hervorgehen, vor allem in den tierischen Sekretionsorganen, die so Milch, Galle, Harn usw.

erzeugen[4]. Diesen Gedanken hat BERZELIUS breit ausgeführt — nach den heutigen physiologischen Kenntnissen allerdings etwas „simplistisch" — und nachmals noch oft eindringlich und in mannigfacher Abwandlung wiederholt, und zwar unter *Ablehnung jeder Erklärung*, außer der allgemeinen Voraussetzung, daß es sich auch hier nicht um etwas ganz außerhalb der sonstigen Chemie Stehendes handle, sondern um eine besondere Betätigungsweise der gewöhnlichen chemischen Verwandtschaft.

Mit einem neuen Namen und einer Real-Definition hat so BERZELIUS als Chemiker und Physiolog in glücklicher Weise eine Anzahl Erscheinungen auf dem Gebiet des Anorganischen und auf dem Gebiet der lebenden Organismen zusammengefaßt[5] und den Ausgangspunkt geschaffen für eine fruchtbare Entwicklung der gewöhnlichen Katalyse einerseits, der *Enzymkatalyse* andererseits. Wir wissen, welch hohen Stand diese Entwicklung in unseren Tagen erreicht hat, und es ist wohl sicher, daß BERZELIUS, wenn er sehen könnte, was Chemiker und Physiologen auf dem Gebiet der homogenen und heterogenen Katalyse in den vergangenen hundert Jahren vorwärtsgebracht haben, damit recht zufrieden sein würde.

Unzulänglichkeit der OSTWALDschen Katalysedefinition für die Biologie; wesentliche Merkmale der Katalyse.

Dabei erscheint es jedoch nicht überflüssig, einmal zu fragen, wie weit die *Konsequenzen jener Definition von* BERZELIUS reichen, und ob wirklich durchgängig in der gesamten Biologie die *Bezeichnung „Katalyse" und „Katalysator" auf alle Erscheinungen angewendet wird, für die jene Definition* zutrifft. Diese Frage ist zu verneinen, indem noch heute eine gewisse Scheu sichtbar wird, über die Enzyme hinaus den Ausdruck „Katalysator" auch auf weitere chemische Körper anzuwenden, die gleichfalls im Organismus durch ihre „bloße Gegenwart" chemische Tätigkeiten mit physiologischer Wirkung hervorrufen und richten und so etwa Zellen zum Wachsen oder Teilen anregen oder Formbildungen verursachen, oder als Bestandteile von Erbfaktoren in die Entwicklung des Individuums aus dem Keim chemisch lenkend und steuernd, fördernd und hemmend eingreifen: hier überall würde, wie ich meine, BERZELIUS den Ausdruck „Katalyse", zunächst frageweise, angewendet wissen wollen.

Zum Teil ist die Zurückhaltung wohl zurückzuführen auf die Form der Katalysedefinition, die WILHELM OSTWALD um die Jahrhundertwende an Stelle derjenigen von BERZELIUS gesetzt hat und die besagt, daß der Katalysator durch seine Gegenwart nicht einen chemischen Vorgang neu hervorruft und ermöglicht, sondern einen mit geringer oder geringster Reaktionsgeschwindigkeit schon stattfindenden Vorgang — Synthese oder Spaltung, Reaktion und Gegenreaktion — *beschleunigt*. Wenngleich sich diese Definition durch die Einführung des Zeitbegriffes („Geschwindigkeit") als sehr fruchtbar für die gesamte katalytische Forschung (auch in der Physiologie; s. HÖBER, SCHADE u. a.) erwiesen hat, so kann doch nicht übersehen werden, daß sie, an der Beobachtung gemessen, einseitig oder unvollständig ist, indem es ja neben denjenigen Reaktionen, für die OSTWALDS Definition ohne weiteres zutrifft (z. B. *Beschleunigung* der Sulfitoxydation durch die Gegenwart von Kupfer), unzählige andere chemische Reaktionen gibt, die, obwohl theoretisch möglich, doch niemals auch nur spurenweise in Abwesenheit von Katalysatoren *beobachtet* worden sind, sondern überhaupt nur in Gegenwart von Fremdstoffen vor sich gehen; hier aber verliert, wie es scheint, OSTWALDS Definition den realen Boden und wird zum Formalismus[6], da nach dem Sprachgebrauch jede „Beschleunigung" das vorherige Vorhandensein einer gewissen meßbaren Geschwindigkeit voraussetzt (s. auch WILLSTÄTTER, Naturwiss. **1927**, 587).

(Wenn sich OSTWALD auf das „thermodynamische Postulat" zurückzog, daß jede Reaktion, die möglich sei, auch wirklich stattfinde, so hat die Wissenschaft über die Berechtigung jener „Extrapolation" zu urteilen; phänomenologisch bleibt eine gewisse hypothetische Gewaltsamkeit bestehen, so daß der Praktiker, zumal in der Biologie, vorziehen dürfte, mit einer abgeänderten Definition zu arbeiten, die sich, ebenso wie die von BERZELIUS, völlig auf Beobachtung gründet. Eine Reaktion, die über den Katalysator läuft, kann *dies* nicht ohne den Katalysator tun!)

Besonders deutlich tritt diese Einseitigkeit in den zahlreichen Fällen zutage, wo die freie Energie eines Systems in verschiedener Art, Richtung und Abstufung abfallen, die Reaktion also *verschiedene Bahnen und Wege* gehen kann. Als *ein* Beispiel von vielen sei das System Kohlenoxyd und Wasserstoff genannt, aus dem bei passenden Temperaturen und Drucken, je nach der Natur des Katalysators, neben Wasser entstehen können: Methan *oder* Methylalkohol *oder* höhere Alkohole *oder* flüssige Kohlenwasserstoffe verschiedenster Art usw., oftmals nicht einzeln für sich, sondern in mannigfacher Mischung. Ein Nickelkatalysator (z. B. Nickel-Tonerde oder Nickel auf Kieselgur) ruft nur die Bildung von Methan hervor, ein Zinkoxyd-Chromoxyd-Katalysator die von praktisch reinem Methylalkohol; ohne Katalysator aber wird *keine* derartige Einwirkung beobachtet, so daß hier OSTWALDS Definition willkürlich erscheint und wir — wenigstens im Reich des Organischen — besser wohl zu der alten Auffassung eines BERZELIUS zurückkehren, der von ,,*Hervorrufung*" spricht und auch schon an die Möglichkeit einer katalytischen ,,*Reaktionslenkung*" gedacht hat[7].

Noch schwerer ins Gewicht fällt vielleicht als weitere Hemmung für eine allgemeinere Anwendung des Ausdruckes ,,Katalyse" in der Biologie eine gewisse Fremdheit des Gedankens, daß durch Katalyse nicht nur in bestimmter Reaktion ein chemischer Stoff, sondern auch in bestimmter *Reaktionsfolge* eine stoffliche *Gestaltung* entstehen kann. Hierzu ist zu sagen, daß zweifellos die von Hormonen usw. hervorgerufenen Reaktionsfolgen etwas Neues darstellen, das in gewöhnlichen katalytischen (auch enzymatischen) Reaktionen kein unmittelbares Gegenstück hat. Immerhin wird es sich nicht um Wesensunterschiede, sondern nur um Unterschiede quantitativer Art handeln, indem ja schon jede ,,einfache" chemische Reaktion (katalytischer oder nichtkatalytischer Art) sich bei näherem Zusehen als eine Nacheinander- ,,Ganzheit" einfacherer Bestandteile entpuppt, und dazu in der präparativen und technischen Katalyse bereits zahlreiche Fälle bekannt sind, daß katalytisch erzeugte Primärprodukte durch längeres Verweilen bzw. durch neue katalytische Einflüsse in kompliziertere Gebilde übergehen; als Beispiel seien gewisse höhermolekulare Verbindungen (bis zu 10 Atomen C und darüber) genannt, die aus Kohlenoxyd und Wasserstoff im gleichen katalytischen Gang mit dem Methylalkohol sekundär entstehen können[8].

Daß chemische Reaktionen im Stoffwechsel und in der Gewebsdifferenzierung verkettet und verfilzt auftreten, ist dem Physiologen durchaus geläufig; von solchen ,,Reaktionsfolgen" (zur Vermeidung von Verwechslungen sollte hier der Ausdruck ,,Kettenreaktionen" — oder auch ,,Reaktionsketten" —, der zuweilen benutzt wird, vermieden werden) wird gesagt (SCHADE), daß ,,der Organismus ganz bevorzugt mit kurzstreckigen Einzelreaktionen arbeitet, deren jede einer anderen sich anschließt und auch ihrerseits wieder in einer anderen ihre Fortsetzung hat".

Selbst *Bewegungsvorgänge* — abgesehen von unmittelbar zugehörigen Diffusionsvorgängen — kann eine Katalyse im Gefolge haben, z. B. solche kontraktiver Art bei der katalytischen Verbindung von Gasen zu viel weniger Raum einnehmenden Flüssigkeiten. Vor allem sei an BREDIGS periodisch „pulsierende" katalytische Zersetzung von Wasserstoffsuperoxyd an Quecksilberoberflächen erinnert, deren rhythmische Zuckungen — auch einer Reizung und Lähmung durch elektrische Ströme zugänglich — modellhaft mit Erscheinungen der Nervenreizung in Beziehung gebracht wurden; s. Biochem. Z. **6**, 326 (1904) — Z. physik. Chem. B **2**, 282 (1929). Wesentlich ist, daß der beobachtete Chemismus „von katalytischen Einflüssen gesteuert wird, welche ihrerseits wieder einen periodischen Verlauf besitzen und durch chemische Zusätze oder elektrische oder mechanische Einflüsse stark veränderlich sind" („Elektrochemie und ihre Beziehungen zur Medizin", aus Z. ärztl. Fortbildg **1907**, 82).

Allgemein tut man gut, sich von vornherein vor Augen zu halten, daß ein *Katalysator* als *Teilnehmer an einer bestimmten Partialreaktion* (Elementarakt oder „Urreaktion" nach SKRABAL) sich in ein chemisches Geschehen einschaltet, das noch sonstige Teilprozesse als dem katalytischen Akt vorausgehend oder ihm sich anschließend („Folgereaktionen") enthält[9]. Für das *Gesamttempo des Umsatzes* ist jeweils der langsamste dieser Teilakte bestimmend, wobei zu berücksichtigen ist, daß vielfach auch physikalische „Transportvorgänge" wie Diffusion, Adsorption und Desorption der Reaktionsteilnehmer und Reaktionsprodukte als zeiterfordernde Einzelschritte im katalytischen Gesamtvorgang mit enthalten sind.

Hat man sich so einerseits von der Vorstellung befreit, daß eine sichtliche *Beschleunigung* das wesentliche oder erschöpfende Merkmal stofflicher Katalyse sei, und ist man sich andererseits bewußt, daß auch verwickelte Reaktionsfolgen katalytisch erregt werden können, so stellt sich als erstes sichtbares Merkmal der Katalyse ein *scheinbares quantitatives Mißverhältnis von Ursache und Wirkung* dar, indem die Menge der hervorgerufenen Reaktionsprodukte in keinem bestimmten stöchiometrischen Verhältnis zu der Katalysatormenge steht, sondern diese gewichtsmäßig um das Vieltausendfache übertreffen kann (Spurenkatalyse, analytisch viel angewandt, und Dauerkatalyse[10]).

Kleine Ursachen — große Wirkungen. 7

BREDIGS kolloides Platin beschleunigt die Zersetzung von Wasserstoffsuperoxyd noch in einer Verdünnung von 1 Mol (= 195 g Platin) in 70 Millionen Liter; schweflige Säure wird von Luftsauerstoff schon merklich rascher oxydiert, wenn das zur Lösung dienende Wasser kurz über einen dünnen blanken Kupferstreifen geflossen ist; eine Spur Zigarrenasche macht Zucker verbrennlich. Oder: Der Eisenkatalysator der Ammoniaksynthese (reines Eisen mit Tonerde- und Kalizusatz) erzeugt Tag für Tag, ja Monat für Monat Ammoniak aus den Elementen und erschöpft sich schließlich nur durch Nebenumstände, wie Verschmutzung oder Vergiftung (durch Spuren schädlicher Fremdstoffe), oder durch Sinterung (Alterung). Durchaus unveränderlich und unverwüstlich braucht der Katalysator nicht zu sein, und schon BERZELIUS hat darauf hingewiesen, daß insbesondere organisch-chemische Katalysatoren, die in den Lebewesen ihre Wirkung entfalten, durch Nebenreaktionen bzw. ,,durch die Affinitäten der eigenen Elemente, unabhängig von ihrer Wirkung auf das Substrat" (die umzusetzenden Stoffe), umgewandelt und zerstört werden können; eine ,,Dauerwirkung" ist also nicht wesentliches Merkmal des Katalysators und der Katalyse.

Formen der Katalyse; spezifische Wirkung; stoffliche Aktivierung und Hemmung.

Die *Mannigfaltigkeit der Katalysen*, die der Chemiker in Laboratorium und Technik aufgefunden und zu beherrschen gelernt hat, ist ungeheuer groß und kann hier nur durch Angabe einiger wichtigen *Hauptgruppen* angedeutet werden.

a) Nach der formartlichen Beschaffenheit des Katalysators: Katalysen mit gasförmigen, flüssigen bzw. gelösten und festen Katalysatoren, letztere entweder fein verteilt oder geformt, meist zu porösen Stücken oder auf ,,Trägern" zur Erzielung ausgedehnter Oberflächen; kolloidale Stoffe als wichtige ,,Mikrokontakte", Faser- und Gewebskatalysatoren. In chemisch-analytischer Beziehung: Elemente oder Verbindungen (anorganische oder organische); Säuren, Basen und Salze; Ionen und neutrale Molekeln; Gemische und Aggregate.

b) Nach der Phasenbeschaffenheit des Katalysators im Verhältnis zum Substrat: Homogene Katalysen (vornehmlich im Gas- und Flüssigkeits- bzw. Lösungszustand) und heterogene Katalysen an Grenzflächen, so zwischen gasförmiger oder flüssiger und fester Phase; für Lebensvorgänge besonders wichtig die mikroheterogene Katalyse im kolloidalen System, wobei Krystalloide oder Kolloide — als Sole oder Gele — den Katalysator bilden können.

c) Nach Beschaffenheit der katalysierten Reaktion: Isomerisierungen, Oxydationen und Reduktionen, Hydrierungen und Dehydrierungen, Spaltungen und Synthesen; Abspaltung und Anlagerung von Wasser, Halogen, Kohlenoxyd usw.; Polymerisation und Kondensation[11].

Überaus wichtig für Grad und Art der Wirksamkeit ist auch die *Katalysatorstruktur*, insbesondere die Oberflächengestaltung geformter Kontakte (s. Arbeiten von Hüttig, Schwab, Armstrong u. Hilditch, H. S. Taylor, Fricke, Eckell, sowie über die Feinstruktur fester Körper, von Smekal u. a.). Durch Aufbringung auf großoberflächige Stoffe als Träger wird von jeher die Leistung einer bestimmten Gewichtsmenge Katalysator vielfach stark erhöht (Platinasbest u. dgl.).

Sind in einem System *verschiedene Reaktionswege* möglich, so wird, wie bereits erwähnt, unter der Einwirkung des Katalysators der eine oder andere beschritten oder, wie wir es kurz nach dem Bilde menschlicher Tätigkeit bezeichnen — da wir mit der Sprache doch nicht über solche Bilder hinwegkommen —: der Katalysator wirkt „*auswählend*, richtend, lenkend, steuernd". Ganz allgemein ist die Katalysatorwirkung mehr oder minder *spezifischer* Art, indem ein bestimmter Katalysator nur bestimmte Reaktionen katalysiert und ein bestimmter Vorgang in der Regel nur durch bestimmte Katalysatoren überhaupt und durch ganz wenige am besten katalysiert und praktisch ermöglicht wird; in der präparativen und technischen Chemie ist so bei neuen Katalysen regelmäßig die Aufgabe gestellt, den allerbesten, wirksamsten und dauerhaftesten Katalysator in der zweckmäßigsten Form aufzufinden. Je weiter man dabei vorschreitet, um so weiter gelangt man auch hinsichtlich der *Spezifität* der Katalysatoren, indem auf dem Wege ausgewählter Darstellungsmethoden und ausgewählter Stoffgemische mit bestimmten Konzentrationsverhältnissen die „Züchtung von Kontaktmassen" immer neue Fortschritte macht; nur graduelle Unterschiede liegen also schließlich gegenüber den Katalysatoren des Organismus vor, bei denen jene Spezifität meist ganz besonders scharf ausgeprägt ist, eine Spezifität, die sich in der Mikrobiologie als Wirkungsverschiedenheit der zahllosen Spalt- und Hefepilze usw. (früher oft „geformte Fermente" genannt) wiederfindet (Pasteur, R. Koch, E. v. Behring, P. Ehrlich u. a.).

Dabei ist noch ein Umstand beachtenswert: Auch der chemisch Geschulte vermag einem chemischen Körper seine katalytischen Fähigkeiten in der Regel nicht anzusehen. Was hat Zinkoxyd-Chromoxyd mit Methanol, das es hervorruft, äußerlich zu tun, was Nickel mit Methan, für das es ein besserer Katalysator als z. B. Eisen oder Platin ist? Und obgleich durch zergliedernde Betrachtung *nachträglich* schließlich jede spezifische katalytische

Wirkung als notwendig, d. h. durch „verborgene Affinitäten" bedingt, erkannt und begriffen werden kann, so ist doch noch kaum ein einziger Katalysator in der Technik durch theoretische Deduktion aufgefunden worden; und auch heute noch ist man dort im wesentlichen auf den „Zufall" und vor allem auf planmäßiges unermüdliches „Suchen und Ausprobieren" angewiesen.

Sind zwei oder mehr Stoffe gleichzeitig vorhanden, die katalytisch wirken können, so findet nur ausnahmsweise eine einfache Summation statt; oft tritt durch „Synergie" oder „Aktivierung" (einseitige oder wechselseitige) eine eigenartige und überraschende *Mehr- oder Neuwirkung des Mehrstoffkatalysators* auf, so daß sich Gemische katalytisch oft „wie neue Verbindungen verhalten" (WILLSTÄTTER)[12]. Demgemäß erscheint es heute schon geradezu als Ausnahme, wenn bei katalytischen Großprozessen in der Technik *einfache* Stoffe als Katalysatoren verwendet werden; in der Regel sind es raffiniert ausgesuchte Stoffgemische ganz spezieller Herstellung, die zur Verwendung gelangen (mit „Exzitatoren, Aktivatoren, Verstärkern, Promotern": BREDIG, MITTASCH), da sie „Einstoffkatalysatoren" in bezug auf Stärke oder Dauerhaftigkeit der Wirkung oder auch in bezug auf die Spezifität der Leistung (bestimmte Reaktionsrichtung mit möglichst wenig Vergeudung in aufsplitternden Nebenreaktionen) weit überlegen sind[12].

Das negative Gegenstück der stofflichen *Aktivierung* (Verstärkung oder Mehrwirkung) ist die *Hemmung, Lähmung* oder *„Vergiftung"* des katalysierenden Stoffes durch Begleitstoffe, die schon aus den Anfängen der Katalyse (DÖBEREINER, TURNER, FARADAY usw.) bekannt ist. Bei dieser Beeinträchtigung der katalytischen Wirkung durch Fremdstoffe („Paralysatoren") hat man im Falle heterogener oder mikroheterogener Systeme — wie schon BREDIG bekannt war — von der eigentlichen „Vergiftung" (z. B. spezifisch-chemische Bindung katalysierender Metallatome — auch in Komplexen — durch Schwefel, Cyan usw.) die bloße reversible „physikalische Verdrängung aus der Oberfläche" zu unterscheiden, die im Biologischen, z. B. bei der Wirkung der *Narkotika*, gleichfalls eine Rolle spielen kann (I. TRAUBE, WARBURG u. a.). Der „Vergiftung" nahe steht die *negative Katalyse*, die oft (z. B. bei Autoxydationen) als eine „Abbrechung von Reaktionsketten", etwa durch Wandreaktionen oder durch bestimmte Gase, erkannt wurde.

Theorie und Reaktionsmechanismus der Katalyse; Verlauf über Zwischenverbindungen und Zwischenzustände.

Hinsichtlich der *streng wissenschaftlichen, d. h. energetischen und reaktionskinetischen Behandlung der Katalyse*, auf die nicht ausführlich eingegangen werden kann, sei zunächst daran erinnert, daß in der Definition von BERZELIUS wie in derjenigen von OSTWALD offengelassen ist, durch welchen *Reaktionsmechanismus* die Katalyse bewirkt wird; und das ist gut so, da grundsätzlich verschiedene Möglichkeiten vorhanden sind. Dennoch hat sich in weitaus den meisten der untersuchten Fälle gezeigt, daß der Katalysator durch seine Gegenwart in der Weise tätig ist, daß er „seine eigenen Reaktionen zu denjenigen der anderen Stoffe hinzufügt" (TRAUTZ) und dadurch die Entstehung neuer Elementarakte und neuer kurzlebiger „*Zwischenverbindungen*" ermöglicht, die zu einem neuen Gesamtgeschehen führen („Zwischenreaktionstheorie"). („Nicht Stoffe, nur Reaktionen katalysieren", E. ABEL.) Hierbei ist Voraussetzung, daß in einem reaktionsfähigen System in der Regel Hemmungen bestehen, indem nur wenige (zuweilen gar keine?) Korpuskeln den für die Reaktion erforderlichen *Aktivitätsgrad* besitzen, und daß durch die Einführung eines Katalysators mit neuen, wenn auch schwachen „Affinitäten" („Restaffinitäten" usw.) der erforderliche intermediäre Energiehub vermindert (die „*Aktivierungswärme*" — nach TRAUTZ — erniedrigt) wird, so daß günstigere Bedingungen für den Reaktionsverlauf entstehen.

BODENSTEIN: „Damit sich eine Molekel des Ausgangsstoffes umsetzen kann, muß sie über den normalen Energiegehalt noch die Aktivierungswärme besitzen." Nach MARK wird „durch Veränderung der Atomabstände, Verstärkung der Atomschwingungen oder vollkommene Aufgabe ihrer Existenz infolge Bildung von Zwischenverbindungen der Energiegehalt der Molekel erhöht; es entsteht eine aktive Molekel". Oder (nach FRANKENBURGER): Bestimmte Atome oder Atomgruppen der Substratmolekel erfahren durch spezifische Affinität (Haupt- oder Nebenvalenzen) zu solchen des Katalysators eine *Lockerung*, wobei ungleiche Katalysatoren je nach ihrer Art mit dieser Affinitätsbeanspruchung an verschiedenen Stellen der Substratmolekel ansetzen und so „durch auswählende Aktivierung einzelner Bindungen oder Schwingungsfreiheitsgrade" der reagierenden Molekeln die Grundlage für eine *Reaktionslenkung* schaffen können.

Dabei ist es wichtig, daß die intermediäre Bindung des Katalysators an die Reaktionsteilnehmer — und vor allem auch an das entstehende Produkt — nicht zu fest ist, da sonst kein rascher *Rückzerfall des gebildeten Katalysator-Substrat-Komplexes* eintritt und die Katalyse ausbleibt; so sind ausgesprochen festes Nitrid („starres" Nitrid) bildende Metalle als Katalysatoren für die Ammoniaksynthese untauglich (sofern sie nicht durch passende Begleitmetalle eine gewisse „Auflockerung" erfahren), während labile oder „bewegliche" Nitride bildende Metalle wie Eisen und Molybdän ohne weiteres katalysieren. Wenn mithin *der Katalysator durch seine Gegenwart wirkt*, so doch nicht durch seine *bloße* Gegenwart; vielmehr *beteiligt er sich deutlich bestimmend am chemischen Geschehen, aus dem er aber im wesentlichen immer wieder unversehrt hervorgeht*. Was zwischen Anfang und Ende der katalytischen Reaktion liegt, ist ein Spiel mannigfacher Teilvorgänge, deren „Mittelpunkt" entweder — wie in der Regel bei der homogenen Katalyse, soweit diese nicht reine „*Medium-Katalyse*" mit bloßer Erhöhung des mittleren Aktivitätsgrades der Molekeln ist — stöchiometrisch definierte *Zwischenverbindungen* sind, viel untersucht in der Ostwald-Schule (z. B. von BRODE, BREDIG), ferner von WEGSCHEIDER, H. GOLDSCHMIDT, E. ABEL, SKRABAL, BRÖNSTED, M. HUGHES, HINSHELWOOD, BJERRUM, LOWRY u. a.; oder schwerer nachweisbare unbestimmte „*Zwischenzustände*", bei der heterogenen Katalyse regelmäßig in der Form von *Adsorptionskomplexen* oder „Oberflächenverbindungen", vielfach an besonders energiereichen „aktiven Stellen" (H. S. TAYLOR), wie solche schon 1825 von SCHWEIGGER in Halle als „Anlegepunkte" der Grenzflächenkatalyse angenommen worden waren[13]. (Über den „partiellen Kreisprozeß", den der Katalysator hierbei immer durchläuft, s. insbesondere HABER und BREDIG, Angew. Chem. **1903**, 557.) Auch *Autoxydationen* haben sich bei näherem Zusehen schon oft als „Sauerstoffübertragung" durch Spuren von Schwermetall entpuppt, so die „Autoxydation" von Cystein oder von Kohlehydraten in Phosphatlösung (WARBURG).

Bildlich kann man vom katalytischen Vorgang sagen: Der Katalysator wickelt sich in Reaktionsteilnehmer ein und wird, *nachdem er diese verändert, d. h. gespalten oder verbunden hat*, sofort wieder ausgewickelt, worauf, wenn neues Substrat vorhanden ist, in rhythmisch-oszillierendem Spiel langdauernd der gleiche Wechsel stattfinden kann[14].

Die Erscheinung der Katalyse steht und fällt so mit der Tatsache, daß es *neben den durch „starke Affinitäten" zusammengehaltenen stabilen chemischen Verbindungen auch weniger stabile*, lockere und unbestimmtere, kurzlebige „*Verbindungen*" in allen Schattierungen und Graden der Unbeständigkeit gibt, darunter auch solche, die sich nach verschiedenen Spaltrichtungen in eine Art neues „Gleichgewicht" setzen können, und daß *der Weg chemischer Umsetzung*, wie zuerst SCHÖNBEIN um 1860 nachdrücklich betonte[15], *regelmäßig über derartige Zwischenverbindungen und Zwischenzustände führt*, die in der nur das Endresultat wiedergebenden üblichen chemischen Reaktionsgleichung „unterschlagen" werden. Wir begegnen dabei den verschiedensten Gebilden: von noch leicht definierbaren stöchiometrischen Verbindungen nach Art der Nitrosylschwefelsäure ($NHSO_5$) bzw. der „violetten Säure" NH_2SO_5 (aus NO_2, SO_2 und H_2O), die bei der katalytischen Schwefelsäuregewinnung nach dem Bleikammerverfahren eine große Rolle spielt (BERL u. a.) oder des Monothionsäureions HSO_3' HABERs bei der Sulfitoxydation oder der „Primäroxyde" bei Oxydationen usw. bis zu den lockeren und lockersten „Additionsverbindungen", „Assoziationen" oder „Symplexen" [nach WILLSTÄTTER, Hoppe-Seylers Z. 225, 103 (1934)] — vor allem bei Oberflächenreaktionen als „Adsorptionskomplexe" (z. B. Enzymadsorbate) oder „Oberflächenverbindungen" mit kurzer Lebensdauer auftretend —, die bestenfalls durch chemische Spurenbestimmungen oder durch feinste physikalische Messungen nachgewiesen oder erschlossen werden können (siehe FRANKENBURGER, H. SCHMID, HÜTTIG u. a.). Nicht wesentlich verschieden von dem Wirkungs-Chemismus der Zwischenverbindungs-, Übertragungs- und Adsorptionskatalysen wird derjenige mancher *Mediumkatalysen* sein (*Einfluß des Lösungsmittels* auf die Geschwindigkeit der Reaktion gelöster Stoffe usw.). Eine gewisse Sonderstellung nehmen auch die *allgemeinen Ionenkatalysen* ein, speziell die Säure- und Basenkatalysen, die in der Regelung des Stoffwechsels des Organismus eine ausgedehnte Bedeutung besitzen.

Ein *katalytischer Vorgang* kommt demnach im allgemeinen dann zustande, wenn — im homogenen oder heterogenen System — gewisse Bedingungen erfüllt sind, die im folgenden *Schema* angedeutet werden, wobei A, B, C usw. einfache oder zusammengesetzte Bestandteile (Radikale u. dgl.) chemischer Verbindungen AB, AC usw. und k einen bestimmten weiteren Stoff darstellen; labile „Komplexe" sind in eckige Klammern gesetzt.

I. und II. Spaltung und Synthese:

$$AB + k \rightleftarrows [A\,B,\,k] \rightleftarrows [A, B, k] \rightleftarrows A + B + k.$$

Beispiel: Bildung und Zersetzung von NH_3 mit Eisen als k. [In Wirklichkeit werden allerdings regelmäßig *viele Zwischenstufen* vorhanden sein; über den gut untersuchten Fall der Ammoniakkatalyse s. FRANKENBURGER, Z. Elektrochem. **39**, 45, 97, 269, 819 (1933); doch wird die erste — und labilste — Zwischenstufe wohl durchgängig eine „*Anlagerungsverbindung*" mit bestimmten präformierten Spaltstellen sein.] Im heterogenen System (wie im Falle der Ammoniakkatalyse) ist von großer Bedeutung auch eine rasche Wegschaffung (leichte Desorption) des Reaktionsproduktes, eine Forderung, die im Biogeschehen an den Grenzflächen der kolloiddispersen Mikrokatalysatoren auf die mannigfachste Weise erreicht wird (s. SCHADE).

III. Beliebige Umsetzung (mit Anlagern, Umgruppieren, Aufspalten):

$$AB + C + k \to [AB, C, k] \to ABC + k$$
$$\text{oder} \qquad\qquad \text{oder}$$
$$([AB, k] + [C, k]) \qquad AC + B + k$$
$$\text{usw.} \qquad\qquad \text{usw.}$$

Sind chemische Systeme derart beschaffen, daß solche eigenartige *Anlagerungskomplexe* bestimmter Spalttendenz im „Kraftfeld von k" entstehen und daß diese Additionsverbindungen aus zwingenden Gründen dem Schicksal eines Zerfalles unter Freiwerden von k anheimfallen, jedoch nicht etwa in reversiblem Verlauf in die Ausgangsstoffe, sondern anders, d. h. „affinitätsmäßig" an einer besonderen „Rißstelle"[16], dann ist k als *Katalysator* anzusprechen, freilich zunächst nur als „potentieller" Katalysator, der seine volle Wirksamkeit als realer Katalysator erst dann entfalten kann, wenn man ihm dauernd frische Nahrung reicht, wissenschaftlich gesprochen, immer neue Substratmolekeln bietet, so daß er in raschestem Wechsel (oft genügen schon Berührungszeiten von 0,01 sec und darunter) seine Funktion tausendfach und millionenfach wiederholen kann, und zwar ohne dabei selber wesentlichen Schaden zu erleiden; sozusagen ein chemisches „*Perpetuum mobile*" (neben der BROWNschen Bewegung als physikalischem Perpetuum mobile: Wo. OSTWALD), das mit den Energiegesetzen nicht in Widerstreit gerät, indem von ihm nicht Energie gespendet, sondern nur eine solche Bruttoreaktion jeweils vermittelt oder verwirklicht wird, die ihre Energie als „latente Zustandsenergie" selber mitbringt.

Mitunter, d. h. einem Substrat mit der Fähigkeit plötzlicher explosiver Reaktion — z. B. einem Knallgasgemisch — gegenüber, kann allerdings die Tätigkeit des Katalysators schon mit einmaligem „Einwickeln und Auswickeln" oder Einschalten und Ausschalten beendet sein; im Gegensatz zu dem hier gleichwirkenden *energetischen Anstoß*, Impuls oder „Auslösung" — im obigen Falle etwa dem elektrischen Funken — verharrt der Katalysator jedoch in *Bereitschaft* weiteren „Handelns".

In diesem Zusammenhange kann man bisweilen vielleicht von einer „*Lawinenreaktion*" reden, bei welcher ein „Körper" schon durch „einmalige Einwicklung" eine stürmische Reaktionsgewalt entfesselt, vergleichbar derjenigen des Steinchens, das durch seinen „Anstoß" eine Lawine in Bewegung gesetzt hat. Als Beispiel aus dem Anorganischen können explosive Reaktionen gelten wie diejenige von flüssigem Ozon beim Einführen von Platindraht. Läßt man einen Ersatz des auslösenden Steinchens durch einen Schneeball, also den körpereigenen „Lawinenstoff" zu, so fallen auch *exzessive Autokatalysen*, wie die stürmische Selbstzersetzung der Schießbaumwolle schon durch kleine Mengen gebildetes Stickoxyd, oder die bald explosive Heftigkeit annehmende Auflösung von Kupfer in ursprünglich stickoxydfreier konzentrierter Salpetersäure, unter den Begriff der Lawinenreaktion; s. auch Idiosynkrasie — Modell Anm. [37].

So ergeben sich Übergänge nach der besonderen Form der „*Autokatalyse*" oder „*Zuwachskatalyse*", bei der das Reaktionsprodukt — bzw. ein Zwischenprodukt — den weiteren Verlauf der Gesamtreaktion im Tempo fördert (beschleunigt), und die auch im Gebiet fester Formart als *Keimkatalyse* (z. B. bei photochemischen Wirkungen) eine bedeutende Rolle spielt, vor allem aber in den kolloidchemisch-organischen Gestaltungen des Lebens sicher ein überaus wichtiger Geschehensfaktor ist, öfters vielleicht auch in der Weise, daß ein Biokatalysator nebenher seinen eigenen Zuwachs katalysiert.

Als Beispiel und Modell einer Zuwachskatalyse sei das Verhalten des chemischen Systems $Ni + 4 CO \rightleftharpoons Ni(CO)_4$ angeführt, das — ob man von links oder von rechts kommt — einem von Temperatur und Druck (jedoch nicht von der Menge der festen Phase Nickel) abhängigen Gleichgewicht, d. h. einem bestimmten Konzentrationsverhältnis von dampfförmigem Nickelcarbonyl und gasförmigem Kohlenoxyd zustrebt. Reiner Nickelcarbonyldampf hält sich in einem reinen Glasgefäß geraume Zeit unverändert, selbst wenn der Temperatur entsprechend gleichgewichtsmäßig eine beträchtliche Zersetzung erfolgen sollte; ist aber erst an der Glaswand ein Nickelkeim spontan entstanden (oder hat man von vornherein etwas Nickelfolie hineingebracht), so geht an dem Keim die weitere Zersetzung — Membran bildend — mit (zunächst) zunehmender Geschwindigkeit vor sich.

Auch Katalysen, die *Kettenreaktionen* einschließen, nehmen in bezug auf energetische Indifferenz und sonstwie keine Ausnahmestellung ein; nur mit dem Unterschied, daß, während sonst der Katalysator immer wieder von neuem für das Auftreten von „Urreaktionen" zu sorgen hat, bei der Kettenreaktion der einmal katalytisch in Gang gebrachte Elementarvorgang ein derart energiereiches Produkt liefert, daß dieses in mehr oder minder langer „Kette" (bis zu Tausenden von Gliedern) mit größter Geschwindigkeit immer wieder neue Molekeln mit der nötigen Aktivierungsenergie auszustatten vermag[17].

Um sich ein möglichst anschauliches Bild vom Vorgang der Katalyse zu machen, muß man sich noch bewußt sein, daß es selbst in den Fällen von „Spurenkatalyse" jeweils nicht nur eine oder zwei Molekeln sein werden, die katalytisch wirken, sondern viele, etwa Tausende oder Millionen, und daß dabei, wenngleich alle beteiligten (aktiven) Molekeln „im gleichen Geschehensrhythmus schwingen", die Zustandsphase doch von Punkt zu Punkt wechseln wird. Der *„stationäre Zustand" des Katalysators umfaßt dann also jeweils eine Gleichzeitigkeit aller möglichen labilen Zwischenglieder der Reaktion* mit bestimmten Mengen- oder Konzentrationsverhältnissen aller Einzelsubstanzen, ganz analog den Redoxsystemen (nach MICHAELIS) mit ihren bestimmten Potentialen bei der katalytischen Oxydation gelöster Elektrolyte.

Der Katalysator kein energielieferndes Agens.

Daß der *Katalysator* — weil als „bilanzfreier Impuls" (WOLTERECK) nur freiwillig verlaufende, zuvor irgendwie gehemmte Reaktionen beschleunigend oder herbeiführend — *selber keine „Arbeitsenergie" in physikalischem Sinne mitzubringen und aufzuwenden braucht*, muß mit allem Nachdruck betont werden, da in dem biologischen Schrifttum merkwürdig oft die Anschauung auftritt, daß Hindernisse beseitigende und richtend wirkende Stoffe eines eigenen (und darum rätselhaft, ja mystisch erscheinenden!) „Kraftaufwandes" bedürfen. So einst bei DRIESCH, der in „Naturbegriffe und Natururteile", 1904, S. 157 sagte: „Energetisch muß sich ein Katalysator beteiligen, wenn er wirklich Geschehen ermöglicht"; oder noch in der „Philosophie des Organischen", 2. Aufl. 1921, S. 435: Ein „Wegräumen irgendeines Hindernisses für aktuelles Geschehen, wie es z. B. bei der Katalyse geschieht" — „braucht Energie" („und Entelechie ist nicht energetisch"). Oder J. REINKE, „Grundlagen einer Biodynamik", 1922, S. 113: „Wenn sie" (Enzyme bzw. Katalysatoren) „nicht bloß als Kraft, also beschleunigend wirken, muß ihre Wirkung auch eine energetische sein, indem sie einen eigenartigen chemischen Umsatz ins Leben rufen." Auch nach J. SCHULTZ bedeutet die Einwirkung eines Katalysators „Arbeitsleistung". Oder schließlich GURWITSCH, „Versuch einer synthetischen Biologie", 1923, S. 80, wonach Reize, wie die von den Hormonen ausgehenden, „stets nach ihrem energetischen Äquivalent bewertet werden müssen". In Wirklichkeit ist, wie gesagt, die „Leistung" eines Katalysators *nicht* mit einer „Arbeitsleistung" in energetischem Sinne identisch (sprachliche Unschärfen — und auch z. B. die Umschreibung von BUN-SEN, daß der Katalysator „uneigennützig mitziehen hilft" — führen leicht zu dieser Annahme!), sondern sie vollzieht sich ohne besonderen energetischen Arbeitsaufwand an einer energetisch und damit thermodynamisch vorgegebenen Gesamtreaktion[18]. (SCHADE: Die Katalyse macht die Bahn frei für Reaktionen, die als solche schon in den chemischen Substanzen auf ihren Ablauf warten.)

Beziehung der Katalyse zur stofflichen Induktion (Reaktionskopplung).

All dies gilt jedoch in vollem Umfange nur dann, wenn der Katalysator *wirklicher Katalysator* ist, d. h. bei dem von ihm hervorgerufenen oder beschleunigten Prozesse nicht etwa selber eine bis zu einem Grenzzustand einsinnig fortschreitende Veränderung chemischer Art erfährt. Vorgänge dieser Art gibt es bekanntlich ebenfalls, und zwar gerade im Reich des Biologischen in großer Mannigfaltigkeit, als sog. *chemische Induktion durch Reaktionskopplung*, wie sie auch schon in den Tagen von BERZELIUS bekanntzuwerden begann (SCHÖNBEIN, KESSLER u. a.).

Es handelt sich hier um eine Erscheinung, die, der Katalyse nahestehend, sich doch in einem wichtigen Merkmal davon unterscheidet. Von *stofflicher Induktion durch Reaktionskopplung*[19] redet man, wenn der erregende Körper von der erregten Reaktion selbst allmählich *aufgebraucht* wird, wenn also z. B. der Sauerstoff, der eine Oxydation bewirkt (als „Aktor" oder „Donator") anteilig an den zu oxydierenden Stoff (als „Acceptor") *und* an den erregenden Stoff, den Induktor (dem Katalysator vergleichbar) geht. So einfach diese Unterscheidung begrifflich erscheint, so schwierig ist es oft, namentlich im Reiche des Organischen, im Einzelfall zu entscheiden, ob Katalyse oder Induktion vorliegt, zumal da auch breite Übergangsgebiete existieren, und man wird gut tun, unklare Fälle so lange als „Katalyse" zu bezeichnen, bis sich deutlich etwa die Merkmale der Induktion herausstellen. Dabei gewährt — während Katalyse und Kettenreaktion im ganzen energetisch indifferent sind — die Induktion den Vorteil *besonders sparsamer Energiewirtschaft* im Organismus, indem die von der induzierenden Reaktion entwickelte Energie durch Kopplung auf einen für sich nicht freiwillig verlaufenden Vorgang übertragen werden kann und dieser so (auch theoretisch) erst *ermöglicht* wird[20].

Beispiele: Die Oxydation von Zink durch Sauerstoff induziert die Bildung von Wasserstoffsuperoxyd, die Zersetzung von Alloxan diejenige von Alanin, Leucin u. dgl. (STRECKER). In der Physiologie tritt die Induktion — nach SCHADE die Beigesellschaftung einer zweiten Reaktion statt eines Katalysators — vielfach in Form von mehrstufigen (polyphasischen) „Kreisprozessen" und mit zunächst recht verborgenen Induktoren auf, z. B. derart, daß in der Milchsäuregärung des Muskelprozesses die Energie, die durch den oxydativen Abbau (die Veratmung in der Erholungsphase des Kontraktionsvorganges) eines Anteils vom Substrat (Glykogen, Hexosen, Triosen bzw. deren Phosphorsäureester usw.) bis zu Kohlensäure und Wasser gewonnen wird, durch Reaktionskopplung der Rückbildung des Restes dienstbar gemacht wird. (Siehe hierzu HÖBER, MEYERHOF, HILL u. a.)

Übersicht.

Für *die Gesamtheit stofflicher Umsetzungen* gilt, daß Reaktionen hervorgerufen werden können:

A. Durch bloßes räumliches Zusammenbringen unter bestimmten Bedingungen von Temperatur und Druck: Gewöhnliche chemische Reaktionen exo- und endothermischer Art.

B. Durch fremd-energetische Hilfsmittel.

1. Die Energie leistet dauernd Arbeit: z. B. Elektrolyse, Photoassimilation von CO_2 mit „Sensibilisatoren" (Chlorophyll u. dgl.).

2. Die Energie wirkt nur kurz als Anstoß oder „Auslösung": z. B. Explosion durch den elektrischen Funken; Lichtzündung von Chlorknallgas, die ausgedehnte Kettenreaktionen zur Folge hat (BUNSENs „photochemische Induktion").

C. Durch stoffliche Hilfsmittel.

1. Der Hilfsstoff wird durch den Vorgang nicht verbraucht: Katalyse.

2. Der Hilfsstoff wird durch den Vorgang selbst anteilig verbraucht: Stoffliche Induktion, oft verbunden mit einer Verwertung der Reaktionsenergie der induzierenden Reaktion. [Von SCHMALFUSS, Biochem. Z. 263, 278 (1934), wird vorgeschlagen, Katalyse und Induktion unter den Oberbegriff „Anregung" zu stellen.]

2. Biokatalysatoren verschiedener Art.

Allgemeines.

Wir können nunmehr das *Gebiet der Biokatalysatoren* im Zeichen von BERZELIUS' und OSTWALDS Katalysedefinition kurz durchschreiten, nachdem wir vorher noch in Erinnerung gerufen haben, daß schon im Reiche der anorganischen Natur und der chemischen Technik nicht nur Hunderte, sondern Tausende der verschiedenartigsten chemischen Stoffe (vorzugsweise Verbindungen und Gemische) als Katalysatoren eine Rolle spielen und daß ein geregelter

Ablauf des Geschehens schon hier unmöglich wäre ohne die „Reaktionswiderstände" einerseits, die einem plötzlichen Ablauf aller Reaktionen hindernd im Wege stehen, und ohne die Katalysatoren andererseits, welche diese Widerstände besiegen. Wieviel mehr gilt dies für das Reich der Lebewesen, das ohne die hervorrufende und richtende Tätigkeit der Katalyse ganz undenkbar wäre[21]! Für diese Katalyse aber legen wir — BERZELIUS und OSTWALD gewissermaßen in eine Bindeformel vereinigend — den Begriff zugrunde, *daß der Katalysator, ohne selber im Endprodukt zu erscheinen, durch seine Gegenwart (durch Berührung) chemische Reaktionen und Reaktionsfolgen nach Richtung und Geschwindigkeit bestimmt*, in der Regel auf dem Wege, daß er *einen neuen Elementarakt schafft*, der den Anstoß zu einem neuen Gesamtgeschehen gibt. Als Leitgedanke aber mag von Anfang dienen, daß man die Beteiligung katalytischer „Urreaktionen" immer da vermuten dürfen wird, „wo ungewöhnlich kleine Mengen eine ungewöhnlich große Wirkung ausüben" (L. ANSCHÜTZ, Katalyse und Enzymwirkung im Haushalt der Technik und der Natur. 1928). Auch soll eine besondere Schattierung beachtet werden, die BERZELIUS seiner Definition der Katalyse im Jahre 1842 gegeben hat: „Die katalytische Kraft wird allgemeiner, *aber geheimnisvoller*, in den Prozessen der organischen Chemie, besonders innerhalb der lebenden Körper ausgeübt" (Lehrbuch d. Chemie, 5. Aufl., 2, 111).

Enzyme; ihre Stellung im Gebiet der Katalyse; Formen und Grundlagen; Fermentmodelle; Frage der Bildung im Organismus.
Wir beginnen mit den altbekannten Fermenten oder „Enzymen" (KÜHNE 1878), die definiert werden als „bestimmte stoffliche Katalysatoren der organischen Natur mit spezifischem Reaktionsvermögen, gebildet zwar von der lebenden Zelle, aber in ihrer Wirkung unabhängig von deren Gegenwart" (WALDSCHMIDT-LEITZ), und deren Kenntnis im Anschluß an grundlegende Arbeiten von EMIL FISCHER, ABDERHALDEN, MICHAELIS, WILLSTÄTTER, v. EULER, NEUBERG u. a. in den letzten Jahrzehnten weitere große Fortschritte gemacht hat[22].

Geschichtliche Anfänge. Der alte Name „Ferment", der zunächst einen chemischen Wirkungsfaktor schlechthin bezeichnet hatte, seit PARACELSUS aber immer mehr auf biologische Vorgänge eingeengt worden war, hat im 19. Jahrhundert seine jetzige bestimmte Bedeutung erhalten. In Form gewisser Gärungsvorgänge des Haushaltes ist Fermentkatalyse schon in

Enzyme als Katalysatoren.

den ältesten Zeiten bekannt gewesen und ausgeübt worden; eine wissenschaftliche Behandlung aber hat — sicher nicht zufällig — in der gleichen Zeit, d. h. um 1800, eingesetzt, in der zum ersten Male gewöhnliche Katalysen stärkere Beachtung fanden:

Katalyse:	*Enzymkatalyse:*
1781 Stärkeverzuckerung durch Säure (PARMENTIER).	
1782 Veresterung durch Säuren und Verseifung durch Alkalien (SCHEELE).	
1783 Äthylen aus Alkohol durch Erhitzen an gebranntem Ton (PRIESTLEY).	1785 Stärkehydrolyse durch wässerige Malzauszüge (IRVIN).
1796 Überführung von Alkohol in Aldehyd an glühendem Metall (MARUM).	
1806 Stickoxyd als Sauerstoffüberträger bei dem Bleikammerprozeß genauer untersucht (CLÉMENT und DESORMES).	1814 Stärkeverzuckerung mit Malzauszug näher untersucht (G. KIRCHHOFF).
1813 Katalytische Zersetzung von Ammoniak an Metallen (THÉNARD).	1818 Beziehungen vermutet zwischen Platinkatalyse von Wasserstoffsuperoxyd und animalischen und vegetabilischen Sekretionen (THÉNARD).
1818 Zersetzung von Wasserstoffsuperoxyd durch Platin usw. (THÉNARD).	

BERZELIUS 1832: „Die Gärungen beruhen möglicherweise auf Kräften ähnlich denen, die Platinmohr auf Wasserstoff ausübt, oder denen, die Edelmetalle und deren Oxyde auf Wasserstoffsuperoxyd ausüben." (Dabei wußte BERZELIUS noch nichts davon, daß Eisen integrierender Bestandteil der lebendigen Substanz ist.) Auch SCHÖNBEIN sah in der Platinkatalyse des Wasserstoffsuperoxyds das Urbild aller Gärungen. Eines der am längsten bekannten Enzyme, die Wasserstoffsuperoxyd zersetzende „Katalase" (O. LOEW 1900), deutet schon in ihrem Namen den Zusammenhang mit der „gewöhnlichen" Katalyse an.

Über das ausgedehnte Gebiet der Enzyme könnten wir uns sehr kurz fassen, da — trotz der durch lange Zeit sehr selbständigen Entwicklung der Enzymkatalyse — doch seit den Tagen von BERZELIUS nie ein Zweifel darüber aufgetaucht ist, daß hier wirkliche Katalysatoren — und zwar im mikroheterogenen System als „Mikrokontakte" — vorliegen. Für das strittige Merkmal der „Beschleunigung" gilt allerdings das oben schon allgemein Gesagte, indem solche Reaktionen, welche in der Natur als Enzymprozesse ablaufen, *nur selten auch in Abwesenheit von Katalysatoren durchgeführt zu werden vermögen*[23]; dafür tritt um so deutlicher hervor das Merkmal einer überragenden und andauernden Wirkung auch kleinster Mengen sowie ganz besonders eine scharfe Selektivität des Vorganges und Spezifität der Wirkung, und schließlich auch das schon im Anorganischen (als Aktivatorwirkung bei Mischkatalysatoren) zu findende *ganzheitliche Zusammenwirken* verschiedener Stoffe („Hilfsstoffe" wie Kinasen, Co-Fermente und „Aktivatoren", denen „Paralysatoren", „Antienzyme" oder „Gifte" gegenüberstehen). Dabei zeigt sich auch bei diesen „Nebenstoffen" eine große Mannigfaltigkeit mit durchaus spezifischem Charakter: Trypsin spaltet höhere Proteine erst, wenn Enterokinase der Darmschleimhaut zugegen ist; Cyanwasserstoff erhöht die Wirkung von Papain, hebt aber die Wirkung des eisenhaltigen Atmungsfermentes auf; Calciumion aktiviert Lipasen; der Zymase ist eine magnesiumhaltige Co-Zymase zugesellt; Mangansalze aktivieren Arginase (KLEIN u. ZIESE) usw.

Wenn trotz der anerkannten Stellung der Enzyme als Katalysatoren etwas näher auf das Gebiet eingegangen wird, so geschieht dies darum, weil von hier Schlaglichter auf weiter zu erörternde Gruppen von Biokatalysatoren — oder als solche vermutungsweise anzusprechende Stoffe — fallen, die in ihrer Wirkungsweise weniger leicht einzusehen sind. Die *Aufgabe der Enzyme in den pflanzlichen und tierischen Organismen* ergibt sich vor allem aus der Tatsache, daß jeder Organismus in steter Wechselwirkung mit der Umwelt steht und sich durch Assimilation von Umweltstoffen bildet und behauptet; hierzu aber müssen in einem Aufbau- und Erhaltungs- sowie Abscheidungsstoffwechsel die zu assimilierenden Stoffe für die Bedürfnisse des Organismus umgewandelt, beim Tier insbesondere aus dem „großmolekularen" kolloiden Zustand in kleinere „krystalloide" Bestandteile für die Resorption übergeführt werden, und diese *Umwandlung, in erster Linie spaltende, sodann aber auch wieder mannigfach synthetisierende*, haben die Enzyme in ihren unzähligen Formen zu vermitteln. (Hinsichtlich fermentativer Synthese, z. B. von Kohlehydraten: HILL, ARMSTRONG u. a., sowie von Estern, speziell Fetten usw., s. HÖBER.) Dabei begegnen uns im ganzen dieselben *Arten von Katalysen*, wie wir sie hinsichtlich der nichtenzymatischen Katalysen bereits kennengelernt haben, nur daß man bei der Gruppierung hier beliebig abweichende, durch die besonderen

Verhältnisse der Organismen nahegelegte Wege gegangen ist. So unterscheidet man z. B. Oxydasen und Oxygenasen, Hydrogenasen und Dehydrogenasen, Dehydrasen, Esterasen usw., oder man spricht mit schärferer Bezugnahme auf die umzuwandelnden Substrate von Carbohydrasen, Amylasen, Gärungs-Zymasen, Invertasen, Lipasen, Phosphatasen, Proteasen, Peptidasen, Sulfatasen, Ureasen usw.[24].

Gegenüber den künstlichen Katalysatoren des Chemikers, die qualitativ mehrfach Gleiches oder Ähnliches leisten können, kennzeichnen sich die Enzyme vor allem durch

a) besonders hohe *Aktivität*, so daß die erreichten Reaktionsgeschwindigkeiten diejenigen ihrer künstlichen Modelle oft um mehrere Zehnerpotenzen übertreffen (s. S. 26);

b) sehr stark ausgeprägte *Spezifität*, und zwar nicht nur hinsichtlich der Reaktionsrichtung, sondern vor allem auch in der Beschränkung auf Substrate von ganz bestimmtem Bau. Für den gleichen Vorgang der Hydrolyse (Spaltung unter Anlagerung von $H^{\cdot}$- bzw. OH'-Ion an die Spaltstücke), der sehr weit verbreitet ist, wird so eine Unzahl von Fermenten benötigt (z. B. Lipasen, Proteasen, Peptidasen, Glykosidasen).

Hierbei ist von besonderer Bedeutung, daß den stereoisomeren chemischen Verbindungen asymmetrischen Molekularbaus im Organismus anscheinend jeweils eine *optische Aktivität des angreifenden Fermentes* zu entsprechen hat, wenn intensive Wirkungen zustande kommen sollen.

Nach E. FISCHER, ABDERHALDEN, ROSENTHALER, NEUBERG, R. KUHN, WEIDENHAGEN u. a. wird so von optischen Antipoden nur die eine der spiegelbildlich isomeren Formen durch ein bestimmtes Ferment verändert, z. B. durch Hefeferment nur d-Glykose, d-Mannose, d-Fructose und d-Galaktose, durch Penicillium glaucum praktisch nur rechtsdrehende Weinsäure (EMIL FISCHER, Gleichnis vom „Schlüssel und Schloß"); der rechtsdrehende Mandelsäureester des Benzylakohols wird vom Lipaseenzym der Leber wesentlich rascher verseift als der linksdrehende; der Asymmetrie des glykosidischen C-Atoms mit zwei strukturidentischen Zuckerarten entsprechen allgemein α- und β-Glykosidasen (Maltase bzw. Emulsin); Emulsin bildet bevorzugt d-Mandelsäurenitril aus Blausäure und Benzaldehyd usw.

Als ein charakteristisches Merkmal der Enzyme gilt ferner ihre *relativ geringe Beständigkeit*, insbesondere gegen Hitze, doch zeigen auch gewisse andere Katalysatoren namentlich kolloidaler Art (mit Ausflockungstendenz) ähnlich schwache Widerstandsfähigkeit.

Fragt man nach der *stofflichen Zusammensetzung oder chemischen Konstitution der Fermente*, so befindet man sich noch heute, bei aller weit vorgeschrittenen Systematik und trotz jahrzehntelanger Bemühungen insbesondere von WILLSTÄTTER und seiner Schule sowie anderer bedeutender Forscher, in einiger Verlegenheit, da erst für wenige Enzyme bestimmtere Anhaltspunkte vorliegen oder Teilsynthesen geleistet werden konnten. Mit wässerigen Auszügen von Malz, bitteren Mandeln usw. haben die Forscher des vorigen Jahrhunderts zu arbeiten angefangen, und mit wässerigen oder sonstigen Auszügen an sich unbekannter Stoffe wird auch heute noch meist gearbeitet. So hat es einen außerordentlich wichtigen Fortschritt bedeutet, als es MICHAELIS, WILLSTÄTTER und v. EULER durch geschickt ausgesonnene und angewandte *Anreicherungsmethoden auf dem Wege der „Adsorptionsreinigung"* (an aktiven Tonerde-Gelen u. dgl.) gelang, Fermente von natürlichen Begleitsubstanzen weitgehend zu befreien und dadurch zu konzentrieren; freilich geht bei höchst getriebener „Reinigung" oft die Wirksamkeit großenteils verloren. (Die von einigen Forschern hergestellten „krystallisierten Fermente": Urease, Pepsin, Trypsin, erscheinen als *reine* Enzyme immer noch sehr fraglich.)

So viel scheint heute festzustehen, daß es sich bei den Enzymen im wesentlichen um lyophile Kolloide, genauer um *hochmolekulare organische Verbindungen mit besonderen aktiven „Wirkungsgruppen"* *(„prosthetischen" Gruppen) handelt, die auf — ebenso notwendigen — kolloidalen Trägern (Eiweißverbindungen) haften;* daneben vielleicht auch um besondere organische „Riesenmolekeln" mit bestimmten, als Querschnitt verschiedener räumlich bestimmt gelagerter Molekelenden anzusprechenden „Fermentflächen" (FRANKENBURGER). Äußerlich kann man *zwei große Klassen von Enzymen* unterscheiden: metall-, speziell schwermetallhaltige (wie Katalase) und metallfreie, eine Unterscheidung, die sich im kleinen bei den Atmungsfermenten wiederholt, von denen eisenhaltige und ein eisenfreies bekannt sind[25].

Hinsichtlich der *Theorie der Enzymwirkung* herrscht heute eine enge Beziehung zur allgemeinen katalytischen Theorie, indem sich nach WILLSTÄTTER „keine Erklärung so fruchtbar und befriedigend gezeigt hat, wie die Annahme einer intermediären Bildung von Additionsverbindungen von Katalysator und Substrat".

„Wesentlich ist, daß der Katalysator durch die Reaktionsprodukte nicht dauernd gebunden wird, sondern während der Reaktion immer wieder frei wird, also imstande bleibt, vielfache Mengen des anderen Stoffes in einer Operation zu zersetzen, ohne dadurch selbst in erheblichem Maße verbraucht zu werden", also eine „automatische Regenerierung des Hilfsstoffes in immer wieder katalytisch wirksamer Form" oder eine „sich immer wieder lösende und erneuernde Bindung zwischen Enzym und Substrat" (BREDIG). Zahlreiche Fälle von Fermentkatalyse sind in dieser Richtung bereits, wenigstens qualitativ, als Vorgänge an Enzymadsorbaten oder „Symplexen" ihrem Reaktionsmechanismus nach klargelegt worden, so die Wirkung der Carbohydrasen, insbesondere der Saccharase als Enzym der Inversion des Rohrzuckers und der Wasserstoffsuperoxyd zersetzenden Katalase mit ihrer Hämingruppe. Oft scheinen bei den durch Enzyme katalysierten Vorgängen auch Kettenreaktionen eine wichtige Rolle zu spielen (HABER u. WILLSTÄTTER u. a.)[26].

Unter den Fermenten treten in bezug auf die Bedeutung für den gesamten Stoffwechsel besonders hervor die *Oxydationskatalysatoren* (zugleich Oxydasen und Reduktasen). Da chemische „Ur-Synthese" aus der Kohlensäure der Luft nur durch das Chlorophyll grüner Pflanzen unter dem Einfluß der Sonnenstrahlung vermittelt wird, herrscht im übrigen oxydativer Abbau vor, mit dem (nach MICHAELIS, Oxydations- und Reduktionspotentiale, 2. Aufl. 1933) gekoppelt sind osmotische und mechanische Arbeitsleistung, chemische Synthese sekundärer Art und „Synthese einer komplizierten Zellstruktur, Gewinnung elektrischer Energie und gelegentlich Erzeugung von Licht". Ein Oxydationskatalysator aber muß nach MICHAELIS u. a. die Eigenschaft besitzen, „*ein reversibles Oxydations-Reduktions-System* darzustellen, welches, isoliert betrachtet, ein von den Bedingungen abhängiges genau definiertes Oxydationspotential hat". Ein solcher Katalysator muß „leicht vom oxydierten Zustand in den reduzierten hin und her verwandelt werden können; der oxydierte Zustand muß schneller oxydieren als Sauerstoff, und der reduzierte muß durch Sauerstoff schneller oxydiert werden als das zu oxydierende Substrat (z. B. Nahrungsstoffe wie Zucker); dabei muß, damit der Katalysator sich nicht rasch erschöpft, die cyclische Überführung der oxydierten in die reduzierte Stufe ohne Verlust, ohne wesentliche chemisch-irreversible Seitenreaktionen verlaufen." Solche Oxydationskatalysatoren sind z. B. (nach MICHAELIS, WARBURG u. a.):

Eisen in verschiedener Bindung (Ferro-Ferri-System);
Glutathion (HOPKINS) mit dem Sulfhydrylsystem, für sich oder in Metallkomplex: $2\ RSH \rightleftharpoons RSSR + 2\ H$;
Chinon + $H_2 \rightleftharpoons$ Hydrochinon.

Dabei muß im stationären Zustand des Prozesses der Katalysator gleichzeitig beide Glieder des Wechsels in meßbaren Konzentrationen enthalten. Weitgehende Aufhellung in diesem Zusammenhange haben die verwickelten *enzymatischen Vorgänge der Gärung und Atmung* gefunden, die, beide als wesentlichen Bestandteil eine Dehydrierung aufweisend (vgl. WIELANDS Dehydrierungstheorie), sich grundsätzlich dadurch unterscheiden, daß bei der Atmung Sauerstoff als wirksamster Acceptor und Depolarisator des Wasserstoffs auftritt.

Bei den *Zellatmungsfermenten* (s. O. WARBURG, Nobelpreisvortrag, Z. angew. Chem. **1932**, 1, ferner „Katalytische Wirkungen der lebendigen Substanz" **1928**; Sauerstoff übertragende Fermente, Naturwiss. **1934**, 441) liegt fürwahr eine ganze „Sammlung" abhängiger und unabhängiger Fermentgebilde vor, beginnend mit dem Hämochromogen WARBURGS, einer Eisen-Porphyrin-Globin-Verbindung, in der das Eisen wie im Hämoglobin an Stickstoff gebunden ist (Hämoglobin einst von LIEBIG als Atmungsferment angesehen, in Wirklichkeit nur dem Transport des Sauerstoffs von der Lunge nach den Gewebecapillaren dienend); dann das funktionell sich anschließende und aus drei Komponenten bestehende KEILINsche Cytochrom, das gleichfalls als Ferro-Ferri-Redoxsystem wirkt, und schließlich das selbständige und im allgemeinen als Zellatmungsferment eine untergeordnete Rolle spielende, für Wachstumsvorgänge aber hochbedeutsame „gelbe Ferment", eine vom Vitamin B_2 (Lactoflavin) sich herleitende Eiweiß-Phosphorsäure-Flavin-Verbindung (CHRISTIAN, THEORELL, R. KUHN und WAGNER-JAUREGG) mit einem Molekulargewicht von ungefähr 70000 und einem Rhythmus, der in einer Minute etwa hundertmal zwischen Oxydation und Reduktion pendelt. „Die Aufteilung in kleine Teile erscheint günstig für das, was die Natur mit der Atmung bezweckt: die Verwandlung chemischer Energie in Arbeit" (WARBURG). Der *Gärungsprozeß* als „innermolekulare Sauerstoffübertragung", von PASTEUR auf die Lebenstätigkeit von Mikroorganismen zurückgeführt, von E. BUCHNER aber als im Wesen fermentativ erkannt (Zymase), ist gleichfalls weitgehend untersucht und zerlegt worden (RUBNER; s. ferner WIELAND „Über den Verlauf der Oxydationsvorgänge" 1933; vor allem die Arbeiten von NEUBERG, über die verschiedenen Stufen und Formen der Gärung: neben der alkoholischen auch Essigsäure-, Milchsäuregärung usw.).

„Die energieliefernde chemische Reaktion der lebendigen Substanz wird zurückgeführt auf eine Elementarreaktion: die Sauerstoffübertragung durch Schwermetall, die in der Atmung eine Übertragung von freiem Sauerstoff, in der Gärung von gebundenem Sauerstoff ist" (WARBURG). Auch der grundlegende Hauptprozeß der *Muskelkontraktion*, in einen nichtreversiblen Gesamtvorgang als reversibler Vorgang — genauer: als Verfilzung dreier Hauptkreisprozesse mit ihren Zwischenreaktionen — kunstvoll eingelagert, ist als Gärungsvorgang, und zwar als Milchsäuregärung des Glykogens, anzusprechen; s. MEYERHOF, „Die chemischen Vorgänge im Muskel", **1930**, sowie Naturwiss. **1935**, 490; LOHMANN, Biochem. Z. **1934**, 264: „Die energieliefernden Reaktionsstufen sind exotherme Glieder gekoppelter Reaktionen"[27].

Immer aber wird für den *Oxydationskatalysator* Bedingung sein, daß beide Hauptteile des Vorgangscyclus mit passender Geschwindigkeit verlaufen. Wenn unbefruchtete Echinodermeneier, die normal nur wenig Sauerstoff veratmen, nach Zusatz von Methylenblau rasche Oxydation zeigen, so ist Indophenol für den gleichen Zweck weniger geeignet, weil es zwar noch leichter reduziert, aber in reduzierter Form vom Luftsauerstoff nur langsam oxydiert wird, während Safranin umgekehrt zu langsam reduziert wird, so daß das rasche Oxydiertwerden „nichts mehr hilft" (MICHAELIS, s. auch BREDIG und SOMMER, Anorganische Fermente V). Das „Redoxpotential" des Katalysators muß also die richtige Lage haben. (Hinsichtlich der Besonderheit der irreversiblen Redoxsysteme s. MICHAELIS, a. a. O.) Intermediär treten dabei immer „*Zwischenverbindungen*" auf, so (nach WARBURG) bei der Oxydation von Cystein eine Komplexverbindung mit Ferroion, die unter dem Einfluß von Sauerstoff, offenbar auf folgendem Wege, zu Cystin als Oxydationsprodukt führt:

Ferroion + Cystein → [Ferroion—Cystein] + O_2 → [Ferriion—Cystein] → [Ferroion—Cystin] → Ferroion + Cystin, mit der Bruttogleichung:

$$Cystein + O_2 + k \rightarrow Cystin + k \quad \text{(s. die Schemata S. 12).}$$

„Die Katalyse beruht darauf, daß der Ferrikomplex instabil ist und spontan Cystin + Ferroeisen bildet." Allgemein: „Die chemische Kinetik, und als deren wesentlicher Teil die Katalyse, beherrscht die Oxydationsprozesse der Zelle" (MICHAELIS).

Ähnliches gilt auch für *andere Enzymprozesse* — wie ja durchweg die Katalyse „ein zusammengesetztes Phänomen" ist (TRAUTZ) —, indem die Betätigung des Enzyms, das genau genommen immer nur einen einzelnen Elementarakt direkt hervorruft, eingebettet ist in einen längeren und oft auch verzweigten Reaktionsverlauf, aus dem das, was das Enzym eigentlich ist und tut, nur mühsam „herauspräpariert" werden kann[28]. Dabei ist die Tätigkeit eines Enzyms jeweils an bestimmte Bedingungen, namentlich der krystalloiden Begleitstoffe, der Wasserstoffionenkonzentration (p_H), des Salzgehaltes und an sonstige Verhältnisse des Mediums eng gebunden. (Vgl. hierzu SCHADE, Bedeutung der Katalyse für die Medizin. 1907. — Physik. Chemie in der inneren Medizin, S. 240. 1923. — BECHHOLD, Kolloide in Biologie und Medizin, S. 274. 1929.)

Die glückliche Intuition, die BERZELIUS zu seiner *Einordnung der Kontaktstoffe des Organismus in den allgemeinen Katalysatorbegriff* geführt hat, wird so recht deutlich, wenn man sich die Unsumme von Arbeit vergegenwärtigt, die später geleistet werden mußte, um den wirklichen *Nachweis* analoger katalytischer Wirkungsweise dadurch zu erbringen, daß, an Ideen von SCHÖN-

BEIN anschließend, zunächst die enzymatische Funktion und sodann auch die Fermente selbst stofflich nach Möglichkeit nachgeahmt wurden. Hierbei lassen sich folgende Formen bzw. Stufen der Entwicklung von Fermentmodellen unterscheiden[29]:

1. BREDIG, 1900—1912: Kolloidale Metalle der Platingruppe für Zersetzung von Wasserstoffsuperoxyd, für Oxydationen, Dehydrierungen usw.

2. G. M. SCHWAB: Kupfer, Nickel und Platin auf optisch aktivem Quarz katalysieren bei racemischem sekundärem Butylalkohol bevorzugt die chemische Umwandlung (Dehydratation wie Oxydation) der entsprechenden Komponente.

3. LANGENBECK, 1927: Isatin als metallfreies Dehydrasenmodell; weiterhin systematische Substitution, wie Einführung aktivierender Gruppen in Methylamin zur Erhöhung der Decarboxylierung von α-Ketosäuren; mit Phenylaminoessigsäure oder Aminooxynaphthoxindol wird in mehrfacher Substitution die Aktivität so auf das Mehrtausendfache gesteigert ($1/_{20}$ der Carboxylasewirkung). Ferner: Umesterung des Buttersäure-Methylesters mit „aktivierten" Alkoholen, wie Benzoylcarbinol, wobei „eine nicht beschleunigende Zwischenreaktion zu einer Katalyse entwickelt" wird. (Esterase ein aktivierter Alkohol, so wie Carboxylase ein aktiviertes Amin?)

4. SCHÖNBEINS Versuche mit Blutkörperchen 1860. R. KUHN 1928: Hämin wirkt katalaseartig. HARRISON: Hämatin katalysiert die Cysteinoxydation. WARBURG: Eisen- und stickstoffhaltige Blutkohle verhält sich in Gegenwart von Sauerstoff bzw. auch von Blausäure gegen Aminosäuren (Cystein) wie ein Atmungsferment, ebenso Hämin in pyridinhaltigem Wasser hinsichtlich der Einwirkung von Kohlenoxyd usw.

5. Bei der Melaninbildung aus einem „Chromogen", wie Dioxyphenylalanin, und Sauerstoff in Gegenwart einer Oxydase aus der Hämolymphe von Insekten (nach HASEBROEK), wirkt Magnesia (die in der Asche jener Lymphe enthalten ist!) analog, wenn auch nur viel schwächer und in der Hitze: SCHMALFUSS u. a., Z. indukt. Abstammgslehre **1929**, 67; **1931**, 332 — Naturwiss. **1927**, 453 — Biochem. Z. **263**, 278 (1933).

6. SCHADES Versuch katalytischer Zuckerspaltung als Modell der fermentativen Gärung, um 1905. (Dextrose → Milchsäure → Acetaldehyd → Kohlensäure und Wasser, mit den Katalysatoren: OH-Ionen, H_2SO_4 und Rhodium; s. hierzu auch ERICH MÜLLER.)

7. BREDIG und FAJANS 1908ff.: Aus einem racemischen Gemisch der beiden Camphocarbonsäuren erzeugt das linksdrehende Chinin durch katalytische CO_2-Abspaltung bevorzugt linksdrehenden Campher, das rechtsdrehende Chinidin bevorzugt rechtsdrehenden; andererseits bauen diese Basen nach BREDIG und FICKE aus Blausäure und Benzaldehyd bevorzugt je das rechts- oder linksdrehende Mandelsäurenitril auf.

8. BREDIG und GERSTNER, 1932: Durch Verankerung von substituierten Aminogruppen auf Cellulosefaser (Baumwolle) wird ein asymmetrisch konstituierter Katalysator erhalten, der optisch-aktives Mandelsäurenitril zu bilden vermag. Dieser Katalysator gibt nur schwer wesentliche Bestandteile in Lösung, nähert sich also den „intracellularen Enzymen" der Zell-

Enzymmodelle. 27

gewebe, die beim „Filtrieren" gelöster Substanzen selektiv katalytisch wirken können (BERZELIUS' Gewebskatalysatoren, „auf der Innenseite der Sekretionsorgane").

Dabei ist aber bis jetzt *noch in keinem Modellversuch je der Aktivitätsgrad des nachgeahmten hochdispersen Enzyms voll erreicht worden.* Wie weit in der Regel die Ergebnisse hinter dem Ziele zurückbleiben, zeigt folgende Zusammenstellung (nach R. KUHN):

1 Mol Fe-Salz in wässeriger Lösung zersetzt in 1 sec 10^{-5} Mole H_2O_2
1 „ Hämin bzw. Mesohämin (und ähnlich Platinsol) 10^{-2} „ „
1 „ Katalase schätzungsweise . . . . 10^5 „ „

Es ist jedoch kaum zu zweifeln, daß hier bei systematischem Vorgehen noch bedeutende Fortschritte, und zwar auch hinsichtlich optisch-aktiver Verbindungen möglich sein werden (s. oben LANGENBECK).

Enzymreaktionen im allgemeinen.

Wurde bisher das Enzym als selbständige Einheit betrachtet, so ist doch noch kurz auf seine *Stellung im Ganzen der Zelle* einzugehen, der es dem Plasma verhaftet als „Lyoenzym" oder „Desmoenzym", Ekto- oder Endoenzym angehört. Man braucht nicht so weit zu gehen, das Enzym, mit dem experimentiert wird, als ein „Zell-Trümmerstück" anzusehen; sicher ist jedoch, daß Ganzheitsbeziehungen der Fermente im lebenden Organismus bestehen, die bei der „Isolierung" leicht verlorengehen.

E. BUCHNERS Hefepreßsaft hat weit geringere Gärkraft als die intakte Hefe. „Die Reichhaltigkeit des Zellstoffwechsels ist auf komplizierte Kombinationswirkungen der Zellfermente zurückzuführen": SCHADE, s. auch HÖBER über verstärkende und abschwächende stoffliche Einflüsse in der „chemischen Organisation der Zelle" (nach HOFMEISTER) und über die Mitwirkung bei der „Selbstregulierung". Um die „hochorganisierten Fermente mit kompliziert ineinandergreifenden, stets spezifisch begrenzten Wirkungen instandzuhalten", ist z. B. für den Magendarmkanal die Einhaltung bestimmter H'- und OH'-Ionenwerte sowie die Gewährleistung eines bestimmten Salzionenbestandes erforderlich.

Von J. LOEB ist um die Jahrhundertwende im Zusammenhang mit seiner Tropismentheorie eine *Enzymtheorie der Lebensprozesse* entwickelt worden, die von HABERLANDT, EHRENBERG u. a. fortgesetzt wurde (EHRENBERG: Die Erforschung des Lebens ist die Erforschung der Enzyme); und wenn sich heute so manches in verändertem Licht zeigt, namentlich in bezug auf Zusammenwirken und Abhängigkeiten, so *bleiben doch die Enzyme die „klassischen" Biokatalysatoren,* an deren Bilde auch die weiteren Gruppen gemessen werden.

Von biologischer Seite wird mehrfach darauf hingewiesen, daß, wenn die Wirkungsweise der einzelnen Enzyme weitgehend geklärt ist, neben der Frage ihres geregelten Zusammenwirkens vor allem noch *die Bildung im Organismus* rätselhaft ist[30]. DRIESCH, Philosophie des Organischen: „Nur wenig ist mit der Erkenntnis gewonnen, daß Enzyme Zerlegung und Aufbau leisten können. Wir wissen ganz und gar nicht, wie das Ferment gebildet wird. Alle Stoffwechselfermente treten in regulatorische Beziehung zu denjenigen Verbindungen auf, welche gerade zerlegt werden sollen. Nach welchem Gesetz geschehen die chemisch-aggregativen Änderungen einschließlich Fermentbildung und Fermentaktivierung? Das Lebende als oberstes Protoferment aktiviert die Fermente. In der Bildung der Fermente liegt das Rätsel." Und BERTALANFFY, Kritische Theorie der Formbildung. 1928: „Wie stellt es der Organismus an, auf jeden eingeführten Nahrungsstoff das richtige Ferment zu produzieren?"

Biokatalysatoren in Infektions- und Immunitätsforschung.

An die den Stoffwechsel des Organismus vermittelnden Enzyme läßt sich das *Gebiet der Biokatalysatoren der Immunbiologie und Serumtherapie* (P. EHRLICH u. a.) anschließen, mit den besonderen Verhältnissen von Toxinen und Antitoxinen, mit seinen Antigenen und Haptenen, Amboceptoren und Komplementen usw. „Gifte können Enzyme hemmen oder selbst katalytisch wirken" (LUNDEGARDH 1914; s. auch SCHADE, über Beziehungen der Immunkörper zu Fermenten und Hormonen). Ein Toxin aber „ruft die Wirkung hervor, daß der Organismus gerade das hierzu passende Antitoxin erzeugt, oft mit Überproduktion" und nicht ohne „trial and error" (s. RIGNANO, Das Leben in finaler Auffassung. 1927); und hierbei werden sicher katalytische Vorgänge eine wichtige Rolle spielen.

Krankheitserreger finden sich auch unter den durch gewöhnliche Bakterienfilter hindurchgehenden „*Viren*", jenen rätselhaften, auch ultramikroskopisch nicht erreichbaren Substanzen von unbekannter Gliederung, aber spezifischer Wirkung auf Lebendiges, die auf Grund ihrer Züchtungsfähigkeit, ähnlich wie die entgegengesetzt wirkenden „Bakteriophagen" von D'HÉRELLE, selber als lebendig bzw. „auf der Grenzscheide von Lebendem oder Totem" stehend, oder als eine Art „Brücke zwischen der Welt der Lebewesen und der anorganischen Materie" (BECHHOLD), von anderer Seite aber auch als fermentartige Produkte des Lebens angesehen werden. Nach KABESHIWA „aktivieren" im Fall der Bakteriophagen vom befallenen

Organismus ausgehende Katalysatoren in den Bakterien vorgebildete autolytische Fermente; nach DOERR sind solche Lysine den Hormonen vergleichbar. (Siehe auch WALDMANN und PYL in Naturwiss. **1932**, 129.) So liegen mannigfache Andeutungen vor, daß in diesem überaus weitverzweigten und bedeutungsvollen Gebiete in die rein chemischen oder kolloidchemischen Prozesse zahlreiche *katalytische Teilakte* verwoben sind, sei es bei der Wirkung der fremden Agenzien auf Bestandteile des Blutes, auf Protoplasma und Zellwände, sei es bei der Entstehung von entgegenwirkenden Stoffen, die der Organismus zu seiner Verteidigung zu liefern imstande ist. Pathogene Protozoen, Spirochäten und Bakterien schädigen vornehmlich durch Giftabsonderung oder durch bestimmte fermentative Prozesse (DOMAGK, Angew. Ch. **1935**, 657), und auch bei der Gegenwirkung in Serumtherapie, Organotherapie und Chemotherapie wird es sich wohl vielfach um ein Spiel von Katalysator und Gegenkatalysator handeln.

Verschiedenartige Biokatalysatoren.

Neben den Enzymen sind im Organismus allgemein oder in bestimmten Fällen noch eine Unzahl weiterer verhältnismäßig „einfacher" oder auch komplizierter Katalysatoren tätig, die man, da noch keine bestimmte Gruppenbezeichnung für sie existiert, im ganzen wohl als *„das Heer der namenlosen Katalysatoren"* bezeichnen könnte. Hierher gehören in erster Linie das *Wasserstoff- und das Hydroxylion* sowie verschiedenartige *Salzionen*, deren jeweilige Konzentration in Blutserum und Gewebssäften von größter Bedeutung für die Aufrechterhaltung des optimalen Kolloidzustandes und für den Ablauf chemischer bzw. kolloidchemischer Reaktionen ist, indem sie u. a. „das ungestüme Spiel der Fermente entfachen und zügeln" (GOTTSCHALK). Dabei gibt es, wie SCHADE hervorhebt, keine strenge Grenze zwischen „Fermenten" und sonstigen Eigenkatalysatoren der Körpersäfte und der Gewebe; die Oxydasewirkung der eisenhaltigen Fermente findet sich, abgestuft abnehmend, im Hämoglobin, Hämatin und schließlich in deren Aschensubstanz wieder. So kann sicher für alle in kleineren oder größeren Mengenkonzentrationen nachgewiesenen Elemente wie Eisen, Kupfer, Zink, Silber, Mangan, Quecksilber, Calcium, Magnesium (z. B. im Chlorophyll und in dem Co-Ferment der Zymase), Phosphor, Schwefel, Chlor, Brom,

Jod, Fluor und Verbindungen solcher von vornherein die Möglichkeit katalytischer oder „anreizender" Betätigung im Organismus zugelassen werden. (S. auch LIEBEN, S. 631, sowie über die Rolle von Haupt- und Nebenelementen für das Pflanzenwachstum SCHARRER, Chem. Ztg. 1935, 545ff.; FREY-WYSSLING, Naturwiss. 1935, 767.) Den metallhaltigen Fermenten gesellen sich zunächst weitere katalytisch wirksame *organische Metallverbindungen* des Organismus zu, in denen die Metallwirkung selbst maskiert oder modifiziert ist (mit besonderen Komplexbildnern für jedes Metall?) und neben denen künstlich hergestellte und absichtlich zugeführte analoge Substanzen in der Therapie nach SCHADE, EICHHOLTZ u. a. eine wichtige Rolle zu spielen vermögen[31].

In bezug auf die „therapeutische Beschleunigung von Stoffwechselreaktionen" kommen nach SCHADE folgende Wege in Betracht:

1. Zuführung neuer, an sich körperfremder Katalysatoren: Eisentherapie, Zuführung von Quecksilber, kolloidem Silber, Jod usw. (s. auch BECHHOLD, a. a. O. S. 419).

2. Zuführung von Katalysatoren, die die Wirkung von Fermenten unmittelbar ergänzen oder steigern.

3. Zuführung von Substanzen, die günstigere Bedingungen für die Wirkung von Körperfermenten schaffen: Verschiebung des Säuregrades, Änderung des Mediums, „Aktivierung".

Als physiologisch wichtige Katalysegruppen werden dabei unterschieden: Adsorptions-, Übertragungs-, Medium-, Auto- und Allokatalyse, denen sich noch die Reaktionskopplung anschließt. (Auch an die „oligodynamische Wirkung" von Metallen wird erinnert.)

Ebenso ist nach EICHHOLTZ „für zahlreiche Substanzen mit hoher Wahrscheinlichkeit anzunehmen, daß ihre physiologische Wirkung auf katalytischen Vorgängen beruht".

Auch *Gewebsoberflächen* können — wie schon BERZELIUS vermutete — als Katalysatoren wichtige Dienste tun. „Im pflanzlichen und tierischen Organismus spielen sich — ohne Anwendung gewaltsamer Hilfsmittel, wie hoher Gasdrucke oder hoher Temperaturen — die eigenartigsten katalytischen Umsetzungen im harmonischen Zusammenwirken ab: hier gibt es homogene und mikroheterogene Katalysen, verursacht durch anorganische und organische Katalysatoren, Reaktionen an feinsten Oberflächen, die unter Mitwirkung der Strahlungsenergie chemisch träge Gase wie die Kohlensäure zu hochmolekularen Verbindungen umwandeln, Prozesse, bei denen die komplizierten Substanzen der Organismen mit Leichtigkeit aus den einfachsten Komponenten aufgebaut werden" (FRANKENBURGER und DÜRR). Dabei hat die lebende Natur, wie WARBURG hervorhebt, das *Eisen* als besonders geeignet für eine vielgestaltige katalytische Anwendung an den mannigfachsten Orten gefunden — ein Weg, den nachzugehen die chemische Industrie wiederholt mit Erfolg unternommen hat.

Hormone und Wuchsstoffe.

Schon in dem Bereich der Toxine und Antitoxine, noch mehr aber vielleicht auf dem viel bearbeiteten Gebiet der Hormone, Wuchsstoffe, Vitamine u. dgl. macht sich die Frage geltend, wieweit „Katalysator oder nicht", d. h. in welchem Umfange in einen bestimmten biologischen Vorgang als Teilakte neben denjenigen Prozessen, bei denen ein Stoff eingeschaltet wird, ohne sich wieder unmittelbar ausschalten zu können (gewöhnliche chemische Reaktion) auch solche Teilprozesse eingeflochten sind, bei denen ein Stoff — im Dienste der Umgestaltung eines „Substrates"— einer mehrfachen oder vielfachen Wiederausschaltung mit erneuter Einschaltung fähig ist (katalytische Teilakte). Für die Beantwortung dieser Frage wird es vor allem darauf ankommen, ob auch bei dem fördernden oder hemmenden Einfluß, den durch ihre Gegenwart bestimmte Stoffe (in Lösung oder als Gallerte oder Membran) auf *kolloidchemische Vorgänge* ausüben, also z. B. auf Quellung und Entquellung, Lipoidlöslichkeit, Verfestigung und Auflockerung, Agglutinierung und Fällbarkeit, Durchlässigkeit, Grenzflächenanreicherung sowie auf Isoionie und osmotische Isotonie der Zellen und Gewebe, jene Körper als Katalysatoren anzusehen sind. Bei den unscharfen Grenzen, die im Gebiet des Kolloidchemischen und darum im gesamten Organismischen zwischen ausgesprochen chemischen Reaktionen und weniger streng definierbaren capillar- und oberflächenchemischen Adsorptionen, Aggregierungen u. dgl. bestehen, erscheint eine bejahende Antwort geboten. Vgl. WO. OSTWALD: „Die lebende Substanz ist geradezu ein Tummelplatz für Adsorptions- und Kolloidkatalysen." Im übrigen sei die gerade in bezug auf Toxine und Hormone von SCHWAB („Chem. Kinetik" in „Handwörterbuch der Naturwissenschaften" 1932) gemachte Bemerkung angeführt, daß sie, ebenso wie die Platinsole von BREDIG, schon „in außerordentlich kleinen Mengen ganze Reaktionsfolgen umwerfen"; und hierzu weiter die Äußerung von SCHADE, daß die einzige Reaktionsart, von der bei anorganischen Stoffen eine starke Wirkung noch in minimalen

Dosen bekannt ist, die *Katalyse* darstellt (analog z. B. eine therapeutische Wirkung des Quecksilbers im Körper noch im Verhältnis 1:1000000).

Halten wir uns also auch bei der Erörterung der Hormone unsere rein beschreibende Definition des Katalysators vor Augen, daß er durch seine Gegenwart in irgendwelcher Weise chemische Reaktionen und ganze Reaktionsketten einleiten und vermitteln kann, so gilt: Vorhanden ist auch hier die durchaus spezifische Wirkung des Agens sowie das „Mißverhältnis" der geringen Stoffmengen zu der Größe der erreichten Wirkung, das sichtlich BERZELIUS zu seiner Anwendung des Katalysebegriffes auf Sekretionsvorgänge u. dgl. bewogen hat; im übrigen aber welch große Unterschiede gegen die Enzyme: dort ein in zahlreichen Fällen schon klargelegter Reaktionsverlauf mit eindeutiger chemischer Charakteristik, hier ein unübersichtliches kompliziertes Geschehen, das im wesentlichen nur mittels biologischer Teste verfolgt werden kann; dort eine bestimmte chemische Verbindung als Endprodukt, hier schließlich ein histologischer oder morphologischer Endeffekt (z. B. durch Sexualhormone bedingte sekundäre Geschlechtsmerkmale), der erst durch ein Zusammenwirken zahlreicher chemischer, kolloidchemischer und sonstiger Momente zustande kommen kann!

Wenn hier der „katalytische" Chemiker wohl kleinmütig werden könnte, so kommt ihm zu Hilfe ein bedeutsamer Aufsatz von ABDERHALDEN über „die Bedeutung der Zwischenverbindungen" (Naturwiss. **1930**, 429). Hier wird zunächst auseinandergesetzt, wie durch die Anlagerung eines Fermentkomplexes an eine passende Verbindung die innere Struktur dieses Substrates sich umgestaltet in der Richtung einer *Lockerung bestimmter Bindungsstellen* (ähnlich wie die Phosphorsäureesterbildung der Glykose den Beginn des Traubenzuckerabbaus bedeutet) und daß solchen *schwerfaßbaren labilen Zwischenverbindungen oder* „*Assoziationen*" in der Biologie des Stoffwechsels mehr Aufmerksamkeit zu schenken ist, da in ihnen eine starke Veränderung des Zusammenhangs sich vorbereitet, die zu neuen Produkten führen kann. Dies gilt insbesondere für das *Gebiet der Hormone und Vitamine sowie der pharmakologischen und toxikologischen Wirkung chemischer Substanzen*, indem hier die Möglichkeit besteht, daß die Wirkung nicht der eingeführten Substanz als solcher eigen ist, sondern daß „die *Bildung von Zwischenverbindungen mit im Organismus vorhandenen Substraten* ausschlaggebend für einen spezifischen Einfluß ist". „Gewiß wird manche Kettenreaktion in Zellen deshalb anders verlaufen als im Reagensglas, weil im letzteren die Gelegenheit zur Ausbildung bestimmter Zwischenverbindungen fehlt. Dadurch wird ein bestimmter Reaktionsverlauf entscheidend beeinflußt." — Einen Schritt weiter geht noch v. EULER, indem er direkt von ,,Hormozymen" und ,,Vitazymen" spricht, um die Beteiligung enzymartig, also katalytisch wirkender Stoffe anzudeuten, und SCHADE (a. a. O. S. 236) erklärt es als ,,physikochemische Notwendigkeit, die Hormone, soweit sie direkt auf die chemischen Reaktionen einwirken, ähnlich wie die Fermente als eine durch ihre Herkunft oder sonstige Besonderheiten abgegrenzte Spezialgruppe der Katalysatoren zu betrachten", wobei es weiter ,,nicht unwahrscheinlich ist, daß die Katalyse auch in der Lehre der Vitamine eine Bedeutung erlangen wird."

Bei den *Hormonen* (STARLING 1905; ,,Drüsenstoffe" schon 1849 von BERTHOLD angenommen) handelt es sich um die in endokrinen Drüsen mit ,,selektiver Ultrafiltration" erzeugten und als ,,Sendboten" und ,,Reizstoffe" irgendwie nach dem Orte des Bedarfs transportierten und dort ausgeschütteten *Regler und Wirk- und Triebstoffe des Lebens*, die dem gesamten Aufbau- und Erhaltungs-, ja auch dem Fortpflanzungsstoffwechsel dienen (einem ,,consensus partium" durch ,,humorale Korrelation"), indem sie bestimmte Organfunktionen anregen und steuern, ankurbeln und bremsen[32]. Den Enzymen erscheinen sie im allgemeinen an Beständigkeit überlegen; in bezug auf ihren chemischen Aufbau sind sie schon weit erforscht, teilweise auch bereits synthetisiert (Adrenalin, Thyroxin, Sexualhormone).

In Wirbellosen wurden beobachtet Stoffwechselhormone, Keimdrüsenhormone, Farbwechselhormone der Garnelen, Häutungs- und Verpuppungshormone der Insekten usw. (S. WIGGLESWORTH, Naturwiss. 1935, 136; CASPARI u. PLAGGE, S. 751.) Auch *Pflanzenhormone* sind bekannt, von den Zellteilungs- und Wundhormonen HABERLANDTs, dem Welkhormon des Pollens, dem Reizleitungshormon der Mimose usw. bis zu den neuerdings entdeckten bzw. genauer untersuchten Wuchsstoffen Auxin (Zellstreckung), Biotin (Zellteilung, nachgewiesen in der Hefe, so eine alte Vermutung von LIEBIG bestätigend) und den als Formbildungsstoffen wirksamen Keimungs- und Wurzelbildungshormonen (WENT, LAIBACH, KÖGL)[33], alles Stoffe, die zusammen mit Enzymen (und Vitaminen) als Phytohormone die Wachstumsvorgänge in den Pflanzen lenken und regeln. Die stoffliche Natur einzelner ,,Wuchsfaktoren" konnte bereits durch Identifizierung mit bekannten chemischen Verbindungen einwandfrei nachgewiesen werden, so von KÖGL der Wuchsstoff Hetero-Auxin als β-Indolylessigsäure und ,,Bios I" als meso-Inosit. (S. auch WILDIERS' ,,Bios", ferner ,,MERISTIN" usw.)

Neben der Vielgestaltigkeit der Hormone erscheint direkt verblüffend die *starke Wirkung minimaler Mengen*, die die wichtigste Andeutung für das Vorliegen katalytischer Wirkungen gibt. So treten Wirkungen auf noch bei Verdünnungen von 1:1 Milliarde oder weit darüber, z. B. bei Anwendung von Schilddrüsenhormon für die Entwicklung von Kaulquappen. Es handelt sich also um ganz ungeheuerliche Wirkungen, denen man indes kaum gerecht wird, wenn man von einer „Zusammenballung für unser Begriffsvermögen ganz unfaßbarer *chemischer Energien*" spricht; auf jeden Fall sollte der Ausdruck „Energien" hier vermieden werden, da es sich in keiner Weise um energetische Arbeitsleistung handeln kann. Nochmals sei betont, daß das, was biologisch als ungeheure Leistung erscheint — z. B. die Wirkung der Atmungsfermente —, chemisch-energetisch ganz indifferent sein kann insofern, als ein Katalysator ja nur freiwillig verlaufende, also sogar in brutto noch „arbeitsfähige" Reaktionen vermittelt, ohne selber *energetisch* irgend etwas dazu hergeben zu müssen. „Das Schilddrüsenjod ist der energischste Katalysator, der für den Stoffwechsel des Menschen bekannt ist" (SCHADE), wobei jedoch, wie neuere Forschungen zeigen, auch dem Tyrosin als Grundsubstanz, von der sich Thyroxin (wie auch Adrenalin) ableitet, an der Wirkung beteiligt ist.

In bezug auf ihre chemische Natur, teilweise auch auf ihren Reaktionsmechanismus weitgehend untersucht erscheinen Adrenalin (STOLZ 1904), Thyroxin (KENDALL, HARINGTON und BARGER), Insulin und die Geschlechtshormone, wobei mehrfach schon bei *einem* Hormon Erscheinungen des Zusammenwirkens verschiedener Stoffe oder des Mitwirkens von Begleitsubstanzen, ähnlich den Co-Fermenten u. dgl. bei den Enzymen, sich zeigen; so ist ja Thyroxin für sich allein noch kein vollwertiger Schilddrüsensaft, und Adrenalin steht in Synergie mit dem Calciumion. Ganz überwältigend aber erscheint das *Zusammenspiel von Hormonen* — entsprechend der Wirkung von Mehrstoffkatalysatoren als Modell —, wenn man das Ganze ansieht. So gibt es im Hypophysenvorderlappen Geschlechtshormone, die für sich allein nicht wirksam, den Geschlechtsdrüsenhormonen als „Anlasser" (dem „Aktivator" von Mehrstoffkatalysatoren vergleichbar) „übergeordnet" sind. Bestimmte Epiphysenhormone wirken normalerweise in der Kindheit einer zu frühen Ausschüttung der Geschlechtshormone entgegen, während umgekehrt analoge Thymushormone von der Keimdrüsentätigkeit ausgeschaltet werden: ein seltsames Wirkungsdreieck feindlicher Brüder — analog dem „Ionendreieck" Na, K, Ca im Muskel (GELLHORN)! Dann gibt es ein Wechselspiel der Geschlechtsdrüsenhormone mit den Nebennierenhormonen, eine Gegenwirkung von Thyroxin und Geschlechtshormonen usw. Insulin wirkt der Überzuckerung, Adrenalin der Unterzuckerung des Blutes entgegen. Noch verwickelter — und ohne Vorbild in der „gewöhnlichen" chemischen Katalyse — erscheint das Zusammenwirken in untrennbarer Arbeitsgemeinschaft, wenn dazu *das Nervensystem* in Betracht gezogen wird; so der Vagusnerv in seiner Beziehung zu Cholin (?) (aus Nebennierenrinde) und der Sympathicusnerv zu Adrenalin (aus Nebennierenmark) für Lähmungs- und Erregungswirkungen; Hormone führen über das Nervensystem zu Gemütsbewegungen, während in umgekehrter Richtung durch äußere Reize veranlaßte Gemütsbewegungen Hormone verstärkt zur Ausschüttung bringen (Sexualhormone, Schilddrüsenhormone usw. und seelisch-geistiges Leben).

Vitamine.

Entwicklungsgeschichtlich hat man die Vitamine als die *ältesten Anreger des Stoffwechsels* aufgefaßt, die jeder Zelle nötig sind und die den verschiedenen Keimblättern auf den Weg mitgegeben werden. Vitamine, die nach FUNK „in Aktivität und Thermolabilität an Fermente erinnern", werden in der grünen Pflanze und in Mikroorganismen erzeugt — als solche oder als „Provitamine" wie Ergosterin oder Carotin — und gehen unter „Wirtswechsel" mit der Nahrung in den Tierkörper über. Zu den Hormonen wie zu den Fermenten sowie auch zu anderen wertvollen Stoffen des Organismus bestehen mannigfache Beziehungen. Das Vitamin B_2 (Lactoflavin, von R. KUHN und von KARRER in Totalsynthese gewonnen; s. auch CHRISTIAN, WARBURG und THEORELL) mit seiner Fähigkeit, umkehrbar in eine Leukoverbindung überzugehen und mit einem bestimmten Redoxpotential begabt, bildet im Tierkörper unter Veresterung an Phosphorsäure und Kopplung an Eiweiß das wohldefinierte „gelbe Ferment", mit ähnlichem Redoxverhalten, für den oxydativen Abbau und das Wachstum unentbehrlich: der erste Fall einer weitgehenden Aufklärung der Wirkungsweise eines Vitamins. Auch die Vitamine zeichnen sich durch starke Wirkungen schon kleinster Mengen aus; so macht sich D_2 im Rattenversuch noch bemerkbar, wenn eine Molekel auf ungefähr 800 Millionen Molekeln Eiweiß und Lipoide kommt.

Wie sehr Vitamine und Hormone funktionell zusammenhängen, ergibt sich aus einer Übersicht über die Wirkungsbereiche der Vitamine:
Form und Beschaffenheit der Zelle und Durchlässigkeit der Zellwände, Zell-Stoffwechsel,
Wachstum und Knochenbildung,
Verhütung von Blutzerfall; Ansteckungsschutz und Heilhilfe,
Einfluß auf die Arbeitsfähigkeit von Muskulatur, Fortpflanzungsapparat und Zentralnervensystem usw.

So sind Vitamine u. a. wichtige Wachstumsfaktoren; Vitaminmangel und hormonale Störungen zeigen oft das gleiche Krankheitsbild; der Antagonismus von Vitamin A und Thyroxin führt dazu, daß bei Mangel an jenem Vitamin eine übermäßige Schilddrüsentätigkeit einsetzt; Vitaminzufuhr bedeutet oft eine natürliche Hormontherapie (TILLMANS, KÖGL u. a.), wie andererseits Insulin auch gegen Avitaminosen eingesetzt wird, und die endokrinen Drüsen erscheinen nebenher auch als „Umschaltstationen" für Vitamine.

Den funktionellen Zusammenhängen entsprechen vielfach enge *Beziehungen der chemischen Zusammensetzung.* So leiten sich die Sexualhormone (Testikel-, Corpus luteum- und ebenso auch das Follikelhormon) ähnlich von Gliedern einer Gruppe hochmolekularer Alkohole, von den Sterinen her (Cholesterin, Ergosterin und Stigmasterin), wie nach WINDAUS das Vitamin D vom Ergosterin, aus dem es durch Bestrahlung entsteht; s. hierzu BUTENANDT, Forschgn. u. Fortschr. **1934,** 266; Angew. Chem. **1935,** 441. Der spezifische Charakter der Wirkung erscheint bei Vitaminen wie auch bei Hormonen manchmal verhältnismäßig schwach ausgeprägt.

Vitamine und Hormone zeigen auch (wenngleich in mannigfacher quantitativer Abstufung) das übereinstimmende Merkmal, das sie für störungsfreien Funktionsverlauf dauernd nachgeliefert werden müssen: eine Erscheinung, die gegen die Annahme einer unmittelbaren Katalysatornatur zu sprechen scheint und mehr auf Induktionswirkung hinweist.

Rückblick.

Überblickt man das Gesamtgebiet der reaktionsbestimmenden und funktionssteuernden Hormone, Wuchsstoffe und Vitamine mit ihren weit reichenden und vom Stoffwechsel in den Gewebeaufbau, die Formbildung, die Fortpflanzung und sogar das ganze psychophysische Gebaren des Organismus sich erstreckenden Wirkungen, so liegen hinreichend Indizien vor, die dafür sprechen, die Anwendung des Katalysatorbegriffes hier nicht von vornherein abzulehnen, nachdem für die Physiologie des Stoffwechsels die Einführung des OSTWALDschen Katalysatorbegriffes bereits den „Beginn einer neuen Ära" bedeutet hat (HÖBER). Auch die noch letzthin von ABDERHALDEN (Internat. Medizin. Woche Montreux, Sept. 1935) hervorgehobene Tatsache, daß ganz geringen Unterschieden in den chemischen Formeln außerordentlich große biologische Wirkungsverschiedenheiten entsprechen können, hat ihr Analogon in dem bekannten Verhalten anorganischer Katalysatoren; es sei an die sehr verschiedenartige Wirkung der verwandten Metalle Nickel, Kobalt, Eisen oder Platin, Palladium, Iridium, Osmium erinnert, wobei sogar ungleiche Modifikationen der gleichen Substanz (z. B. auch von Oxyden wie Tonerde und Zinkoxyd) wesentliche Unterschiede zeigen.

An der stofflichen Natur all der aufgefundenen „Faktoren", „Induktoren", „Aktivatoren", „Reizstoffe", „Triebstoffe", „Botenstoffe", „Lebensstoffe", „Determinationsstoffe", „Beschleuniger" (!), „Regler oder Anreger, Antreiber, Ankurbler und Bremser" und wie die Hormone und Vitamine bildlich sonst noch genannt werden, wird ja nicht gezweifelt, ebenso nicht an der Wirkung schon kleinster Mengen als lenkender „Agenzien"; und wenn trotzdem auf dem ganzen Gebiet mit dem Ausdruck „Katalysator" immer noch sparsam umgegangen wird, so ist das teilweise sicher der überstarken Betonung des für die Biologie auf die Dauer wenig fruchtbaren „Beschleunigungs"merkmales zuzuschreiben. Betrachten wir dagegen den Katalysator als einen Reaktionen und Reaktionsfolgen nach Richtung und Geschwindigkeit hervorrufenden und vermittelnden Hilfsstoff, so sollten alle Hemmungen bezüglich eines Forschens nach katalytischen Beziehungen für die Hormone usw. hinfallen, wobei man sich nur von Anfang an, hier wie anderwärts, bewußt sein muß, daß außer den Katalysatoren selbst auch „Muttersubstanzen" solcher in Betracht kommen, so wie bei der Ammoniakkatalyse der Katalysator Eisenmetall aus der Muttersubstanz Eisenoxyd hervorgeht, die in den „Kontaktofen" eingefüllt wird, entsprechend den „Profermenten" oder „Zymogenen" des Organismus als einer wichtigen Vorstufe der Fermente selbst; s. auch BREDIG, Ann. Physik 1904 (Boltzmann-Festschrift) S. 841. McINTOSH, J. physic. Chem. 6, 17 (1904) — Z. physik. Chem. 31, 277: Lösliches Mangansalz als Vorstufe für Wasserstoffsuperoxyd zersetzenden Braunstein. Keineswegs aber sollte der Umstand, daß oft „weder das chemische Ausgangsmaterial noch das entstehende Reaktionsprodukt" noch auch der Reaktionsweg genau bekannt ist (s. EICHHOLTZ) und daß die bei „gewöhnlicher" und meist auch noch bei Enzymkatalyse zu beobachtenden „einfachen" chemischen Wirkungen hier komplizierteren Effekten Platz machen, von dem Gebrauch des Begriffes „Biokatalysator", vorerst als Arbeitshypothese, abhalten.

Besonders reiche Erträge verspricht ein verstärktes Suchen nach *Autokatalysen* im Betriebs- (Verwendungs- und Regelungs-) sowie namentlich im Aufbaustoffwechsel des Organismus; die weiten Gebiete des Wachstums, der Formbildung und Vererbung geben schon heute eine Menge Hinweise auf Vorgänge, bei denen ein

Reaktionsprodukt beschleunigend auf den weiteren Umsatz wirkt, also „seinen eigenen Zuwachs katalysiert".

Immer aber wird man sich das wichtige Ergebnis der reaktionskinetischen Analyse sehr vieler einwandfrei katalytischer Vorgänge gegenwärtig halten, daß *der Katalysator durch seine Gegenwart jeweils nur einen einzigen neuen Elementarakt — diesen aber wiederholt! — zu schaffen* hat, an den sich dann „ganz von selbst", gemäß dem physikalisch-chemischen Dynamismus, freiwillig oder durch Kopplung mit anderen Vorgängen, oft auch unter Beteiligung weiterer katalytischer Einflüsse, komplizierte und unter Umständen auch verzweigte *Reaktionsfolgen* anschließen, so daß man es dem schließlichen Gesamtresultat gar nicht mehr ansieht, daß eine winzige Menge eines harmlos erscheinenden Stoffes so große Wirkungen vollbracht hat, und dies um so weniger, da jener „Körper", indem er sein Spiel geraume Zeit weiter treibt (um am Ende doch zu vergehen), sich *zwischendrein immer wieder auswickelt*, unschuldig tut und sich schwer auf frischer Tat ertappen läßt! Demgemäß besteht hohe Wahrscheinlichkeit, ja Gewißheit, daß, falls Hormone und Vitamine sich doch nicht oder nicht durchweg als „eigentliche oder echte Katalysatoren" erweisen werden (s. auch S. 77), der gesamte Reaktionsverlauf, in den jene Stoffe jeweils eingebettet sind, nichtsdestoweniger zahlreiche katalytische Teilakte enthält. Im ganzen dürften dann *hormonale Vorgänge* (das Wort in weitestem Sinne genommen) etwa nach dem Modell verwickelter Vorgänge mit *enzymatischen* „Zentralakten" verlaufen, also einen ähnlich komplizierten oder noch komplizierteren Reaktions-Chemismus besitzen wie z. B. Zellatmung und Gärung.

Organisatoren oder Formbildungsfaktoren.

Von den hormonalen Stoffen, die vor allem dem Erhaltungsstoffwechsel des Organismus während dessen gesamter Existenz oder doch durch längere Perioden dienen, und die auch in der Formausbildung und -umbildung des Organismus wirksam sein können (es sei nur an die Wirkung der Schilddrüsenhormone auf die Umwandlung des Axolotl erinnert), gelangt man ohne scharfe Grenze zu den sogenannten „*Organisatoren*" oder „*Formbildungsfaktoren*", die im allgemeinen nur während bestimmter Zeiträume, d. h. vor allem im Stadium des ersten Wachstums, ihre richtende und bestimmende Funktion entfalten.

Nachdem schon HIS von „organbildenden Keimbezirken" und J. SACHS von „organbildenden Stoffen" gesprochen hatten, ist von SPEMANN, HOLTFRETER u. a. festgestellt worden, daß in bestimmten Entwicklungsstadien gewisse embryonale Keimstücke bei der Transplantation an andere Stellen desselben oder eines artmäßig gleichen (oder auch eines ähnlichen) Individuums hier entsprechende Organe: Füße, Augen, Köpfe usw., entstehen lassen und daß diese Fähigkeit offenbar an gewisse, recht beständige *Stoffe* gebunden ist, da sie auch beim Eintrocknen, Erhitzen und Gefrieren der betreffenden Gewebsteile erhalten bleiben kann (BAUTZMANN, HOLTFRETER, SPEMANN, MANGOLD in Naturwiss. 1932, 971 u. weiterhin). So ist für die Entwicklung der Medullarplatte von Amphibien vermutungsweise schon das Glykogen als „Induktor" oder „Organisationsfaktor" genannt worden (F. G. FISCHER), doch zeigte es sich nur im Falle bestimmter unbekannter Beimengungen wirksam. (SPEMANN, Vortrag 1933 und Nobelpreisvortrag 1935.)

Die Rolle des Organisators könnte nach BERTALANFFY darin bestehen, „daß er als ein äußerst aktiver Bezirk seine Umgebung (etwa durch Abgabe von Katalysatoren) zu jener Intensität der Reaktion erhebt, die zur Bildung eines Achsensystems führt". Als *primäre* Faktoren der Determination aber können die „organbildenden Hormone" nicht angesehen werden; nennt man sie dennoch „Hormone", „so sind diese mit den *echten* Hormonen in ihrer Wirkungsweise nicht vergleichbar". Sie determinieren nicht den Ort einer bestimmten Bildung, sondern „kontrollieren nur die Differenzierung bereits determinierter Anlagen". „Der Organisator wäre das hohe Ende eines im Keim ausgebreiteten Gradienten."

Es ist hier nicht der Ort, auch nur auszugsweise die überraschenden und biologisch bedeutsamen Resultate anzudeuten, die in bezug auf Formbildung in den letzten Jahren bei Regenerations- und *Überpflanzungsversuchen* gewonnen worden sind; wesentlich ist hier der *stofflich-katalytische Gesichtspunkt*, von dem aus zu erwarten ist, daß die Vorgänge bei experimenteller pflanzlicher und tierischer Transplantation und Implantation, von den altbekannten Überpfropfungen an Kulturgewächsen bis zu den oft verblüffend vielgestaltigen Ergebnissen der neuesten Keimforschung (s. auch VOGT, GOERTTLER, B. FISCHER, E. B. WILSON u. a.), doch vielleicht immer im wesentlichen auf die Beantwortung der Frage hinauslaufen, was im speziellen Falle und unter den jeweils herrschenden Systembedingungen des „Feldes" aus der *Konkurrenz richtunggebender Formkatalysatoren* oder (nach PRZIBRAM) aus dem „Wettlauf der Potenzen" des Systems A und derjenigen des Systems B hervorgeht und welche Gesetzmäßigkeiten dabei zutage treten.

Die Stoffgebundenheit derartiger Formbildungsvorgänge sei einem an von HÄMMERLING (Naturwiss. **1934**, 289) genauer untersuchten Einzelfall veranschaulicht. In der Schirmalge Acetabularia werden in der im Rhizoid liegenden Kernsubstanz zwei Arten „Formbildungsstoffe" erzeugt: Stoffe, welche die Entstehung eines Vorderendes mit Wirtel oder Hut bewirken und die nach dem Vorderende hin verfrachtet werden (wahrscheinlich aus „Wirtelstoff" und „Hutstoff" zusammengesetzt), und die Rhizoidstoffe, die hinten angereichert sind. Das Konzentrationsgefälle der Stoffe für das Vorderende und dasjenige des Rhizoidstoffes sind entgegengesetzt gerichtet, und so kommt es, daß in einem ab- oder ausgeschnittenen Algenstück an einer Schnittstelle, an der sich überwiegend Stoffe für Vorderende angesammelt haben, Wirtel oder Hut, an einer solchen mit überwiegend Rhizoidstoff ein neues Rhizoid entstehen kann. Es handelt sich demnach offensichtlich um „hormonale" *Stoffe* (Genprodukte), die ziemlich beständig und im Gegensatz zu sonstigen Hormonen artspezifisch sind, und die im Plasma unmittelbar oder mittelbar Wirkungen hervorrufen, die eine Steuerung der chemischen bzw. kolloidchemischen Vorgänge mit dem Erfolg spezifischen Wachstums und spezifischer Form bedeuten.

Es erscheint zulässig, auch derartige Stoffe, die besonders auffällig bei Überpflanzung embryonaler Gewebsstücke ihre richtende Wirkung entfalten, heuristisch als „Biokatalysatoren" (oder Bioinduktoren?) anzusprechen, wenngleich ihre stoffliche Zusammensetzung bisher noch ebenso unbekannt ist, wie der durch ihre Gegenwart angestoßene Reaktionsmechanismus, und der Endeffekt einer spezifischen *Formbildung* in der „gewöhnlichen" Katalyse kein rechtes Vorbild hat. (Auf die Frage aber, ob mit derartigen Faktoren stofflicher Art, die eine Verknüpfung von Genetik und Entwicklungslehre versprechen, der Überreichtum der Formentwicklung in der Natur zureichend „erklärt" werden kann, eine „chemisch-katalytische Formbildungstheorie" also voll durchzuführen ist, wird noch zurückzukommen sein.)

Erbfaktoren oder Gene.

Bei den *Erbfaktoren oder Genen*, die für die erste Entwicklung des Individuums aus der „Anlage" von maßgebender Bedeutung sind, verhält es sich ganz ähnlich. Seit die den Entwicklungsgang des Einzelorganismus steuernden Erbfaktoren der Chromosomen in den Ei- und Samenzellen entdeckt und durchforscht worden sind (WEISMANN, BOVERI, MORGAN, SUTTON, CORRENS, R. GOLDSCHMIDT u. a.) hat man schon oft betont, daß auch hier offenbar richtunggebende *Stoffe* vorliegen, die man mitunter auch bereits als Enzyme und Hormone ansprach.

In der großen Vererbungslehre R. GOLDSCHMIDTS erscheinen die umweltstabilen Gene oder deren stoffliche Unterbestandteile von der *Natur eines Katalysators* bzw. Autokatalysators, und die formativen Stoffe, z. B. die geschlechtbestimmenden Determinationsstoffe, werden dem Begriff der „Hormone" bei- oder untergeordnet, wobei aber auch dem Keimplasma als „Substrat" der steuernden Substanzen eine wichtige Rolle zufällt (F. VON WETTSTEIN u. a.). Das Entwicklungsgeschehen ist danach als eine Verfilzung von Reaktionsfolgen anzusehen, die durch Genstoffe katalysiert werden, wobei schon „eine relativ geringfügige Anzahl von Genkatalysatoren und von organbildenden Stoffen durch verschiedene Kombination eine unendliche Vielheit von Reaktionen und damit von Entwicklungsprozessen zu veranlassen vermag" (BERTALANFFY). Als ein besonders charakteristisches Merkmal macht sich ein *Zusammenwirken von Erbfaktoren* geltend, das sein Modellgegenstück in dem schon erwähnten Zusammenwirken der verschiedenen Bestandteile von „Mischkatalysatoren" der Technik hat. So wie beim Mehrstoffkatalysator die Gesamtwirkung durchaus nicht einfach additiv aus den Wirkungen der Teile zusammengesetzt ist, sondern kolligative „Aktivatorwirkungen" auftreten, so entspricht bekanntlich auch dem Mosaik der Erbfaktoren im Chromosom durchaus nicht ein einfaches Mosaik der Merkmale und Funktionen, sondern es liegt ein Ganzheitszusammenwirken vor (vielgenige Bestimmtheit z. B. der „Wildfärbung" des Felles vieler Säugetiere), wobei ein einzelnes Gen für ein bestimmtes Merkmal immer nur „die letzte Entscheidung trifft". Die Analogie ist so weitgehend, daß man in einzelnen Fällen direkt die Erscheinung des „Aktivators" des Mischkatalysators (d. h. des die Wirkung des Hauptbestandteiles modifizierenden Nebenbestandteils) wiederfindet, so z. B. dann, wenn in bestimmten Fällen der Faktor für Farbgrundlage (Hauptbestandteil des Katalysators) und der Faktor für Farbverwirklichung („Aktivator" des Katalysators oder „Realisator") dominant zusammenwirken müssen, damit eine Gefiederfärbung wirklich in Erscheinung tritt. So spricht denn R. GOLDSCHMIDT von „ganzheitlich abgestimmten Reaktionsgeschwindigkeiten" verschiedenartiger Gene, deren jedes ein unter Mitwirkung des Kernes entstandenes „Enzym" sein soll, das „eine Reaktion katalysiert". Und wenn schon 1913 E. A. SCHÄFER vermutete, „daß auch die Erblichkeit eines jener

Rätsel ist, deren Lösung wir dem Chemiker überlassen müssen", so ist sicher, daß ein Zusammenarbeiten des katalytisch bewanderten organischen Chemikers mit dem Biologen auf dem Gebiete noch wichtigste Aufschlüsse verspricht[34]. Die Anfänge solcher Entwicklungsreihen wird man nach v. EULER in Stoffgruppen zu suchen haben, ,,welche ihren eigenen Zuwachs katalysieren können". ,,Kein Genetiker aber kann daran zweifeln, daß schließlich der Begriff der Erbeinheit chemisch definiert werden muß." (S. z. B. die Zusammenhänge mendelnder Chlorophylldefekte mit Katalasemangel.)

Folgerichtig ist es auch ,,die chemische Beschaffenheit der Gene", die sie ,,der Mutation zugänglich" macht (R. HESSE, Naturwiss. 1934, 845; s. auch STUBBE, Über die physikalisch-chemische Labilität der Gensubstanz. Naturwiss. 1934, 784, und A. KÜHN, Über die Physiologie der Vererbung und Artumwandlung. Naturwiss. 1935, 1)[35].

Um dem *chemischen Wesen der Erbfaktoren* näherzukommen, verfolgte SCHMALFUSS an dem Beispiel der Melaninbildung rückschreitend den Weg von den dem ,,Merkmal" entsprechenden stofflichen Bedingungen zu deren stofflichen Ursprüngen, mit der Arbeitshypothese (nach HAGEDOORN), daß Substanzen der Erbeinheiten vererbt werden, die Katalysatoren sind oder bilden, und die direkt oder indirekt ,,Stoffe mit reaktionstüchtigen chemischen Gruppen" (z. B. Hormone) entstehen lassen, welche dann ihrerseits stoffliche Träger der wahrnehmbaren Eigenschaften sind oder bilden; die Vererbungssubstanz ist dabei einer autokatalytischen oder ,,homoiokatalytischen" Vermehrung durch Assimilation von Substratteilen fähig, die zur Erhaltung der Katalysatorsubstanz und zur Vergrößerung ihrer Menge für Vererbungszwecke unerläßlich ist. In die Reaktionsfolge: Nahrungsstoffe (bzw. Plasmastoffe) → Stoffe mit reaktionstüchtigen Molekulargebilden → stoffliche Träger der wahrnehmbaren Eigenschaften, greift so, ,,gleichsam von der Seite her kommend", Erbstoff bildend ein. Dominanz und Recessivität, Polymerisation und Letalfaktoren, Mutationen und Modifikationen usw. sollen so entwicklungschemisch durch reversible oder nichtreversible Reaktionen, mit Pufferung, Hemmung oder Förderung, räumlicher Lagerung usw. verständlich gemacht werden können. Im Falle des Melanins konnten dabei im Modellversuch (s. S. 26) nicht sämtliche Kerbtierarten auf eine Farbvorstufe wirkungsgleich abgestimmt werden; die farbfördernden ,,Anreger" müssen also zum Teil wesensverschieden sein, der Artverschiedenheit entsprechend.

Mit v. EULER darf man die Hoffnung hegen, daß das Studium der Enzyme, Hormone, Vitamine und ,,Aktivatoren" eine Brücke schlagen hilft zur Erblichkeitslehre und zur biologischen Entwicklungslehre (,,Biokatalysatoren", sowie Angew. Chem. 1933,

223). Die „symbolische Sprache" MENDELS aber würde dann übergehen in physikalisch-chemische Begriffe mit der Terminologie der Reaktionskinetik. (R. GOLDSCHMIDT, Genetics and Development 1932; Some Aspects of Evolution 1933.)

Indes soll schon hier nicht übersehen werden, daß einer *chemischkatalytischen Epigenesis-Theorie* doch Schwierigkeiten gegenüberstehen, indem namhafte Forscher die *stoffliche Definition der Gene wie der „Organisatoren" für ungenügend* halten. DRIESCH: „Gene können nicht das allein im Keim Gegebene sein", oder: „Gene sind Mittel für die Formbildung, die die Entelechie benutzt." GURWITSCH: „Gene sind bestimmt konfigurierte Bahnen, d. h. kleine dynamische Felder, deren Dasein ununterbrochen und beharrend ist und die von einer Generation zur nächsten übertragen werden" (nach v. BAER der „Übertragung einer Melodie" vergleichbar). BERTALANFFY 1928: „Daß jede Formbildung durch Determinationsstoffe bedingt sei, ist eine unzulässige Verallgemeinerung." Oder: „Formbildung ist mehr als ein chemischer Vorgang, obwohl sie zweifellos mit einer solchen meist Hand in Hand geht." REINKE: „Chromosomen sind nicht nur Stoffe, sondern gestalteter Stoff mit supramolekularem Gefüge, an dem Kräfte haften. Das Gefüge ist wichtiger als das Material." Nach P. WEISS wirken zusammen die „ganzheitliche Organisationspotenz der Wirkungskreise" und die „summative Differenzierungspotenz der Gene"; nach v. UEXKÜLL sind Gene „an das Materielle gebundene ‚Handgriffe', deren sich das Impulssystem bedient" (vgl. auch S. 77ff.).

3. Beziehungen zu Reizwirkung und Instinkthandlung; Überblick und Grenzbetrachtungen.

Reizwirkungen.

Anschließend erscheint es geboten, zu fragen, in welcher Beziehung der Begriff des Biokatalysators zu der physiologischen *„Reizwirkung"* steht. Daß bestimmte Beziehungen vorhanden sind, läßt schon ein Ausspruch von PFEFFER von 1896 (Dekanatsprogramm Leipzig) vermuten, wonach die Reizvorgänge in mannigfacher Weise „Aktionen einleiten, beschleunigen oder in neue Bahnen lenken", also genau das gleiche tun, was wir als Funktion des Katalysators bezeichnen[36]! Immerhin wird man hier vorsichtig sein müssen, schon angesichts der *mannigfachen Formen physiologischer Reize*, die unterschieden werden: typische und atypische, direkte und indirekte, primäre und sekundäre, spezifische (adäquate) und allgemeine, innere und äußere, momentane und länger dauernde, formative und restitutive (die „das Ganze zu seiner Pflicht aufrufen"), Einzelreize und totalisierte Reize, trophische Reize (ROUX), komplexe Situationsreize (SPEMANN), traumatische Reize, Lokalzeichenreize usw. Für unsere Zwecke bedeutsam ist die Unterscheidung *chemischer und energetischer Reize*, wobei die letzteren (mechanische, akustische, optische, elektrische) von vornherein nicht unter den Katalysatorbegriff fallen können, so daß man dort eher von „Auslösung" sprechen könnte (s. S. 17). Aber auch für die *stofflichen* Reize (chemische Hautreize, Geruch, Geschmack[37] und zahlreiche innere stoffliche Reize des Organismus, auch therapeutische Reize) ist der Katalysatorbegriff nicht unbesehen zu übernehmen; man wird vielmehr in jedem Falle zu fragen haben, ob die momentan einsetzende Wirkung der Reizstoffe auf „einfacher" chemischer Reaktion beruht oder ob sie katalytischer Art, etwa analog der katalytischen Initialzündung von Knallgas durch Stickstoffdioxyd ist. In Fällen wie dem letzteren wird durch den Reiz etwa eine Ketten- bzw. Lawinenreaktion ausgelöst.

Sehr mannigfaltig sind die Reizwirkungen von Kationen und Anionen auf das Zellgewebe, wie namentlich bei Abweichungen von der normalen Isoionie und Isotonie und von dem normalen Verhältnis der Konzentrationen der einzelnen Ionen sichtbar wird; es sei nur an die berühmte künstliche Befruchtung der Seeigeleier mit „hypertonischem" Seewasser durch J. LOEB erinnert. Daß keine einfache Transformation, kein „Maschinenverhältnis" vorliegt, wird nach W. OSTWALD schon dadurch bewiesen, daß Reiz und Gegenwirkung meist örtlich getrennt sind; der Reiz wirkt „nach Art eines Katalysators" (Philosophie der Werte. 1914). Auf alle Fälle handelt es sich um *verwickelte „Reaktionsfolgen"* in quellbarer Substanz, vielfach (bei Nerventieren) mit Einschaltung nervöser Elemente und Vorgänge („Sinnesreize"); weiter werden die Dinge dadurch kompliziert, daß uns beim Reiz zum ersten Male etwas begegnet, was nach *Psychischem* aussieht, da ein Reiz oftmals nur über ein gewisses „Empfundenwerden" oder „Bemerktwerden" hinweg seine Wirkung entfaltet. Auch die Tatsache einer *Reizschwelle* und einer *Reizsteigerungsgrenze* (s. Reizgesetz von ARNDT-SCHULZ) sowie die Kompliziertheit des Plasmas, das irgendwie den Reiz aufnimmt und verwertet — zumal im Falle der Einschaltung des Nervensystems —, weisen auf das Vorliegen besonderer Verhältnisse hin.

M. HARTMANN (Allgem. Biologie S. 15) betont dabei die „meist vorhandene auffällige Disproportionalität zwischen der Größe des Reizes und der Reizwirkung". MUCH: „Die größte Macht der Umwelt wäre nichts, wenn sie nicht auf einen Apparat stieße, der den Reiz empfangen und, was das Wichtigste ist, ihn selbsttätig verarbeiten kann." „Selbst ein Antitoxin nimmt der Körper nicht wie ein fertiges Schwert hin." Reizwirkungen treten auf in Form von Tropismen bei Pflanzen, als Taxien und Sinnesreize bei freibeweglichen Tieren, mit Reizanlaß, Reizrezeption und Reizleitung, individuelle Zuordnung zum Effekt aufweisend, auf dem Boden einer gedächtnismäßigen „Retention", deren Dauer mit der Organisationshöhe zunimmt, und damit einer „historischen Reaktionsbasis" stehend. Der durch „Reiz und Bedingungen" bestimmte Zustand im Organismus, „der sich unmittelbar in die Endreaktion entlädt" und regulative Funktion oder Handlung zur Folge hat, bei höheren Tieren unter Vermittlung des Nervensystems (als „harmonisch-äquipotentiales System"), wird als „Impuls" bezeichnet, und der Impuls wird zum „Willenserlebnis", wenn Bewußtsein hinzukommt. „Stets wird das Ganze des Impulses durch die Ganzheit der Ausführung verwirklicht, bei ungeheurer Variationsmöglichkeit der Ausführungswege" (DRIESCH, Die Maschine und der Organismus, 1935). Dabei betont SCHADE, daß Reiz nicht etwas „spezifisch Vitales" sei; „jedes dynamische System, welches potentielle Energie enthält, ist prinzipiell reizbar", also auch eine katalysierbare Reaktion, die gleichfalls kein bestimmtes energetisches Verhältnis von Ursache und Wirkung aufweist. Eine sinnvoll selektive „Reizverwertung" (samt bewahrten „Engrammen") bleibt indes dem Organismus vorbehalten.

Eine besondere Stellung nehmen die *länger anhaltenden Reize* ein, auf die man in der Regel erst bei unerwartetem Wechsel aufmerksam wird, und die als *Summenreize* im Lamarckismus in der Richtung einer unmittelbaren Entwicklungsbestimmung eine so große Rolle spielen[38]. Wie groß die Wirkung solcher Reize sein kann, haben z. B. die veränderten Blattformen gezeigt, die GOEBEL mit einem Kupfersulfatgehalt erhielt, und noch mehr Versuche von HERBST über die Einwirkung der Salze des Meerwassers auf Seeigeleier, wobei er durch Zusatz von Lithiumsalzen zum Meerwasser jene durch ihre Sonderbarkeit berühmten *Lithiumlarven* mit ihrem total veränderten Habitus erhielt (Z. Zool. 1892). Ähnlich hat J. LOEB bei Veränderung der äquilibrierten Lösung des Meerwassers (die mit ihrem Verhältnis 100 Na : 2 K : 2 Ca in Organ- und Blutflüssigkeit der Organismen wiederkehrt), je nach dem Sinn der Änderung, ein abnormes Zusammengehen oder Auseinanderfallen der Zellen beobachtet (Ca-Ion dient allgemein der Festigung der Zellwände). Selbst wenn solche Veränderungen sich ausnahmslos auf den Phänotypus beschränken und nie durch Vererbung, d. h. über eine Affektion der Gene in den Genotypus übergehen sollten, geben doch jene Versuchsresultate eine Vorstellung davon, was chemische Reizungen vermögen, die dazu, zumal wenn Lithium in jenem Falle kein wesentlicher Bestandteil der Körpermasse geworden ist, man doch etwa ihrer Anfangsstufe nach als der Katalyse verdächtig anzusprechen kaum umhin können wird.

Daß Reize äußerer und hormonaler Art immer „nach ihrem energetischen Äquivalent zu bewerten" seien (GURWITSCH, Versuch einer synthetischen Biologie, S. 80. 1923), ist zum mindesten im Falle katalytisch-chemischer Reize, dem Wesen der Katalyse entsprechend, durchaus unrichtig. Bei zahlreichen inneren Reizen des Organismus, namentlich hormonaler Art, erscheint es ohne weiteres möglich, daß *von Reizstoffen biokatalytische Wirkungen ausgeübt* werden, die sich bis weit in das Gebiet des Psychophysischen hinein erstrecken können.

An einem besonderen Beispiel sei noch dargetan, wie möglicherweise ein biokatalytisch wirkender Stoff als Reiz ganze Reaktionsketten und Formbildungsfolgen nach sich ziehen kann: Bei der „fremddienlichen Zweckmäßigkeit" der *Gallenbildung* an Laubblättern durch den Stich von Parasiten wird angenommen (DEMOLL), daß „der Parasit den Schlüssel gefunden hat, um das richtige Fach des normalen Könnens bei der Pflanze aufzuschließen und weiter, um dieses Können in besondere, oft recht absonderliche Bahnen zu lenken". Das klingt aber ganz an unsere Katalysatordefinition an, und es ist vielleicht nicht allzu vermessen, hier eine wirkliche biokatalytische Reizwirkung anzunehmen, wenn etwa im Falle der „Deckelgallen" der Parasit „mit einem oder vielleicht auch einigen chemischen Stoffen, die er (und das sich entwickelnde Ei) absondert, in so hohem Maße einen struktur-bedingenden Bildungsreiz zu geben vermag", daß ein Gallengewebe (mit dem Gallmückenei in der Mitte) entsteht und sich zu einer wohlgeformten und kompliziert aufgebauten Kugel entwickelt, worauf schließlich im richtigen Zeitpunkt vor dem Ausschlüpfen der neuen Mücke „entlang einer kreisförmigen Linie eine Trennung im Gewebe stattfindet und der von dem Kreise umschriebene Teil der Gallenwand als Deckel abgestoßen wird", gleich dem Spund aus dem Spundloch eines Fasses, „wie mit dem Zirkel gezogen und mit scharfem Messer geschnitten"[39].

In unseren letzten Ausführungen sind wir mit dem Katalysatorbegriff bis hart an die Schwelle *tierischer Instinkthandlungen* gelangt, und es ist kurz noch zu erörtern, ob allgemein katalytische Erscheinungen und Auswirkungen auch im Instinktgebiet selbst eine Rolle spielen können. Diese Frage ist grundsätzlich zu bejahen, zumal seit erkannt worden ist, daß die soviel umstrittenen tierischen Instinkte sich schon beim Fehlen eines Nervensystems und unabhängig von einem solchen entwickeln. Nach L. R. MÜLLER (Erlangen) werden außerhalb des Nervensystems *Reizstoffe* gebildet, die Instinkthandlungen verursachen. Und DEMOLL betont, daß die Instinkthandlungen aus den gleichen (unbekannten) Ursachen folgen wie die organischen Formentwicklungen und die allgemeinen Organfunktionen, und daß sie, obwohl oft das Bild seltsamer Wege bietend, doch nach einer Auflösung in Kausalketten verlangen. So wie sich die Instinkte der „Taxien" und

"Reflexe" bemächtigen — ohne darin aufzugehen —, so nimmt dann auf höherer Stufe das mehr „plastische" Nervensystem mit seiner „imperialistischen Tendenz" die mehr oder minder starren Instinkte in seinen Dienst.

Auf alle Fälle liegen auch in den Instinkten ganzheitliche Ordnungen vor, zahllose hervorrufende und steuernde Biokatalysatoren im Organismus voraussetzend, die nach Bedarf da- oder dorthin geführt, auseinandergehalten oder zusammengebracht, in verstärktem Maße erzeugt oder abgestoppt werden usw.

Überblick über die Biokatalysatoren und den Umfang ihrer Wirkung.

Bei unserer Streife durch das Gebiet der Biokatalysatoren, nachgewiesenen und vermuteten, sind noch verschiedene allgemeine Fragen unberührt geblieben, z. B. wie in der Entwicklungsgeschichte des einzelnen Individuums die Katalysatoren „kommen und gehen" und wie mit steigender Organisationshöhe art- und zahlenmäßig die Zahl der Biokatalysatoren fortschreitend zunimmt. Auch wäre es von Reiz, die Lebensgeschichte und *Schicksale einzelner Biokatalysatoren* in ihrem Werden, Wirken, Erneuern und Vergehen zu verfolgen[40] und festzustellen, wie etwa die Produkte eines ersten katalytischen Prozesses ihrerseits wieder als Katalysatoren oder als Reizstoffe wirken, nachdem sie an den Ort der „Sekundärwirkung" durch Transportvorgänge gelangt sind, und welche Verwicklungen sonst noch in den angestoßenen Reaktionsfolgen auftreten[41]. Allgemein könnte man noch der Unterscheidung von *ortfesten Biokatalysatoren* und von *Wanderkatalysatoren* nachgehen und die räumlichen Bahnen zu verfolgen suchen, die den Wanderkatalysatoren ähnlich wie anderen Stoffteilen im Körper aufgezwungen sind, und ferner könnten Betrachtungen angestellt werden über die *mehr oder minder allgemeine Verbreitung bestimmter Katalysatoren* im Tier- und Pflanzenreich, also über Katalysatoren von Gruppencharakter (für Ordnungen, Klassen, Arten, Rassen usw.) bis zu den individuellen „Erbkatalysatoren", die zusammen mit Reizeinflüssen der Umwelt den jeweiligen Phänotypus des Individuums bestimmen.

In diesem Zusammenhang müßte es auch interessieren, der Frage nachzugehen, ob die Konstanz der körpereigenen, enzymatischen und hormonalen Katalysatoren — insbesondere auch derjenigen in Formbildung und Vererbung — dadurch gewahrt ist, daß der Katalysator unablässig sich selber immer wieder „autokatalytisch nacherzeugt", oder wie sonst die Wechselwirkung mit dem Medium beschaffen sein mag, die der *Erhaltung, Erneuerung und Vermehrung der Katalysatorsubstanzen mitten im Fluß des Stoffwechsels* dient.

Bei dem mannigfachen Ineinandergreifen der verschiedensten katalytischen Beeinflussungen im pflanzlichen und tierischen Organismus liegt auch die Frage nahe, ob in der Mannigfaltigkeit biologischen Geschehens etwa eine Stufenleiter von *Katalysatoren niederer und höherer Ordnung* besteht, nicht im Sinne einer willkürlichen Wertung, sondern im Sinne funktionaler Abhängigkeit, indem etwa ein „höherer Katalysator" statt verhältnismäßig einfacher Reaktionen ganze Reaktionsfolgen verursachen oder gar, einer gewissen Adaptation fähig, das Arbeiten mehrerer „niederer Katalysatoren" dauernd lenken und steuern kann, das also gewissermaßen anbahnend, was von einer bestimmten Organisationshöhe ab das *Nervensystem* in noch größerer Vollkommenheit leistet. Daß „Ordnungen" und „Harmonien" in den Katalysatoren des Organismus bestehen müssen, ergibt sich schon aus der großen Zahl von Biokatalysatoren, die auf engem Raume arbeiten, einer Anzahl, die verwirrend wirkt, selbst wenn man sich sagt, daß in einer Zelle von 0,1 mm Durchmesser etwa 10^{18} organische Molekeln Platz haben können.

(HOFMEISTER berechnet für eine Leberzelle von $20\,\mu$ Seitenlänge = 0,00001 Stecknadelkopfgröße, als Würfel gedacht — mit mehr als einem Dutzend verschiedener Hormone —, indem er das Molekulargewicht des Hämoglobins = 16000, das der Lipoide = 800 und das der Krystalloide = 100 setzt, den Gesamtgehalt von 1000000 Milliarden Molekeln, wovon 76% Wasser, 16% Proteine, 2,5% Lipoide und 5,5% Krystalloide; andererseits berechnet BECHHOLD die innere Grenzflächenentwicklung eines Gewebsstückes mit $^1/_3$ Lipoiden + Eiweißstoffen bei mittlerer kolloider Teilchengröße von $10\,\mu\mu$ Durchmesser — ohne Quellung — = 200 m² je 1 cm³.) Ganz erstaunlich, und nur infolge der mikroskopischen und submikroskopischen Diskontinuität (Dispersität) der Zellen und Gewebe möglich, ist die Fähigkeit des Körpers, „bei der Unsumme seiner Reaktionen die nötige räumliche und energetische Trennung zu wahren" (Lokalisierung und Raumdifferenzierung des Substrates und der Katalysatoren; BECHHOLD, SCHADE).

Auch für die verschiedenen katalytischen Reaktionen im Organismus ist die *Gleichzeitigkeit und Aufeinanderfolge* so beschaffen, daß in dem Zusammenwirken eine sinnhafte Einheitlichkeit sichtbar wird. Eine solche zeigt sich schon im Ionen-Antagonismus und -Synergismus des Stoffwechsels. Auf dem Enzym- und Hormongebiet gibt es genug Beispiele derartiger ganzheitlicher Ordnungen, es sei nur an das Zusammenwirken verschiedener Agenzien bei den Gärungs- und Atmungsvorgängen und an das Zusammenspiel der Hormone und Vitamine erinnert[42]. Ähnlich werden *Zeitfolge-Ordnungen* vorausgesetzt, wenn z. B. nach R. GOLDSCHMIDT das Gen „eine Reaktion katalysiert", deren Endprodukt unter dem Bilde eines Hormons gefaßt wird, das eine Merkmalsdifferenzierung verursacht. In der technischen Katalyse haben wir für solche katalytische *Ganzheitsgefüge* kein Beispiel, höchstens entfernte „Gleichnisse", z. B. wenn zur Herstellung von synthetischem Indigo oder Kautschuk im gesamten Fabrikationsprozeß wohlgeordnet und von *einem* Willen beherrscht — räumlich und zeitlich in Teilfabrikationen getrennt — neben gewöhnlichen chemischen Reaktionen auch eine große Anzahl katalytischer Prozesse verwirklicht werden müssen.

Dabei kann man sich versucht fühlen, die Grenze zwischen niederen und höheren Katalysatoren jenseit der Enzyme zu ziehen, da schon bei den Hormonen, Vitaminen und Organisatoren die meist gegebene Notwendigkeit von Testen (Ausfalls-, Wachstums- und Formtesten wie Hahnenkammtest) als Indicator statt einfacher chemischer Charakteristik auf recht *verwickelte Reaktionsfolgen* hinweist, die dann bei den Erbfaktoren noch ins Unabsehbare weiter kompliziert werden. Schließlich könnte man für den höheren tierischen Organismus auch *das Vorhandensein des Nervensystems* in Betracht ziehen und vermuten, daß es für jenen zwei große Schaltwerke der Lenkung und Zusammenfassung, Regulierung und Korrelation von Lebensprozessen gibt: die Biokatalysatoren als ein System stofflicher Sendboten von langsamer Gangart, und — hiermit innig verbunden — als Oberbau oder als „Katalysator höchster Ordnung" das Nervensystem mit einer wohlgeordneten Ganzheit energetischer (dabei aber in bezug auf Entstehung und Wirkung immer noch stoffgebundener) Sendboten, denen behufs besonders rascher Gangart die Fähigkeit einer Bewegung in elektrischen Kraftfeldern oder Strahlungsfeldern (durch Chemiluminescenz?) mitgegeben worden ist[43].

Um jede „Schwärmerei der Vernunft" aber zu vermeiden, sei die Mahnung beachtet, die einst BERZELIUS (in einem Briefe an WÖHLER vom 20. Dezember 1836) ausgesprochen hat: „Gott behüte, daß wir nur nicht anfangen, der katalytischen Kraft zuviel zuzumuten!" Eingedenk dieser Warnung vor einer Überschätzung dessen, was die Katalyse vermag, wollen wir uns der Möglichkeit nicht verschließen, daß es *Katalysatoren höherer Ordnung strenggenommen nicht gibt*, indem genau gesehen *der Katalysator wohl immer nur einen winzigen Teilvorgang bestimmt*, und eine etwaige Unterscheidung zwischen Katalysatoren höheren und niederen Grades lediglich darauf hinauslaufen dürfte, daß der katalytische Teilprozeß mit seinem „Ferment" das eine Mal Bestandteil eines verhältnismäßig einfachen chemischen Vorganges ist (wie noch bei manchen Enzymreaktionen), das andere Mal aber eingelagert in verwickelte Reaktionsfolgen, die kaum zu überblicken sind, wie hormonale, formative und genetische Prozesse.

Ob demgemäß in Zukunft der Biokatalysatorbegriff weiterhin die „Enzyme" als erste, besonders wichtige und bereits gründlich untersuchte Gruppe neben den weiteren „höheren" Formen in sich fassen wird, oder ob man schließlich dem „Biokatalysator" das „Enzym oder Ferment" gleichsetzen will, gemäß der „einzig möglichen Definition" [nach OPPENHEIMER, Handwörterbuch der Naturwiss., 2. Aufl., 3, 1146 (1933)] wonach *ein Ferment „ein Katalysator biologischer Herkunft"* ist, kann den Fachgelehrten überlassen bleiben.

So kann der Biokatalysator bei seiner in der Regel mehr oder minder scharf ausgeprägten *Spezifität der Leistung* wahrscheinlich niemals als eine „höhere" oder eine „mehrfache Potenz" geschweige eine „prospektive Potenz" im Sinne von DRIESCH gelten; der Biokatalysator vermag wohl *nie ein Gebieter* zu sein, sondern immer nur ein guter Diener und Arbeiter, der am laufenden Bande des Lebens als einseitig ausgebildeter Spezialist seine bestimmte und engbegrenzte Funktion ausübt — sofern die stofflichen und energetischen Bedingungen dafür existieren —, dessen Leistung für das Ganze aber bedeutungslos wäre, wenn nicht mit ihm und nach ihm fortwährend eine Unsumme andere, gleichartige und andersartige (niedere) Faktoren am gleichen Bande an der rechten Stelle eingesetzt würden, so daß aus dem Zusammenwirken unzähliger katalytischer und nichtkatalytischer Vorgänge eine *Wertleistung* für den Organismus zustande kommt. (Die Frage, ob in bestimmten Fällen Biokatalysatoren doch eine gewisse Anpassungsfähigkeit besitzen, indem sie in bestimmter Aktionsbreite auf veränderte Bedingungen mit einer „zweckmäßig" modifizierten Reaktion zu antworten vermögen und so oder anders Teilbezirke „beherrschen" können, mag den Fachgelehrten zur Beantwortung überlassen bleiben.

Frage hinsichtlich nichtstofflicher (rein dynamischer) Lenker und Regler als höherer Potenzen; das Biofeld als „Führungsfeld"; universelle Bedeutung der Biokatalyse trotz allem.
Indem hiernach den Biokatalysatoren vielleicht durchweg doch das Kennzeichen eines „Einzeldinges" und einer „Einzelrichtung" anhaftet, so drängt sich mit Macht die Frage auf, was denn dann etwa die *übergeordnete „höhere Potenz"* ist, *unter deren Gesamtplan die Einzelleistungen der Biokatalysatoren erst Wert und Bedeutung gewinnen.* Auf diese Frage wird im allgemeinen Teil zurückzukommen sein, doch sei vorbereitend schon hier einiges gesagt: „Das Atom ist nichts ohne das Feld" (DINGLER), und je weiter in der physikalischen Wissenschaft die Aufsplitterung der einen energetischen „Substanz" bis in Elektronen, Neutronen, Protonen, Photonen und sonstige Quanten und Korpuskeln geht, um so mehr wird es nötig sein, darauf zu achten, daß über dem Begriff diskreter Teilchen *nicht der ebenso notwendige Begriff des Kontinuums verlorengeht.* Auf den Begriff des Katalysators angewendet, wird das heißen, daß über dem Spiel der einzelnen Biokatalysatoren eine Einheitlichkeit, eine Synergie der Funktion waltet, die selber nicht das Werk eines Katalysators sein kann — zum mindesten nicht eines solchen im üblichen Wortgebrauch. So wird es richtig sein, daß man mit dem Begriff des stofflichen Katalysators nur *in den Vorhof der Lebenserscheinungen* gelangt, ohne dieser selbst ansichtig zu werden.

BERTALANFFY: Die Formfaktoren gehen über die Katalyse hinaus. Katalysatoren bewirken, daß etwas geschieht; aber wo es geschieht, entscheidet der Katalysator nicht. Der Determinationsbegriff überschreitet die physikalisch-chemische Erklärung. Im Problem des Keimes findet die physikalisch-chemische Theorie ihre Grenze. Anlagen sind mehr wie chemische Verbindungen, Formbildungen mehr wie chemische Vorgänge. Als allgemeines Entwicklungsprinzip kommen organbildende Substanzen nicht in Frage. Hormone determinieren nicht den Ort einer Anlage, sondern nur die weitere differenzierende Entwicklung in einer schon lokalisierten und determinierten Anlage; sie können nicht primäre Faktoren der Determination sein. Ein bloßer Stoff kann kein Organ bilden. — DRIESCH:

Die Faktoren bilden nicht das Leben, sie werden gebraucht vom Lebenden. Wir können in der Katalyse nur ein Agens erblicken, welches im Dienste der Entelechie steht.

Nun ist allerdings in dem *Nervensystem* ein Etwas gegeben, das ein ganzheitliches Arbeiten von Lebensprozessen, also auch von solchen katalytischer Art, ermöglichen kann. Da jedoch ein Nervensystem nicht in jedem Organismus und nicht in jedem Entwicklungszustand des Individuums vorhanden ist, so *kann das Nervensystem auch nicht das „Letzte" und „Höchste" im Reich des Lebendigen sein.* Nach verschiedenen Untersuchungen und Erwägungen von Biologen aus neuerer Zeit ist demnach der Vermutung Raum zu geben, daß neben oder über den stofflichen und den an das stoffliche Nervensystem gebundenen richtenden „Faktoren" des Organismus, die für sich allein die Lebensmannigfaltigkeit nicht zu bilden, zu erhalten und zu steuern vermögen, *„immaterielle Faktoren" richtender und lokalisierender Art am Werke sind, die einem obersten „dynamischen Prinzip" untertan sind;* dieses aber — in DRIESCHs Entelechielehre bis in das Metaphysische geführt — wird mitunter auch als der wissenschaftlichen Behandlung zugänglich erklärt, indem man es etwa (nach GURWITSCH) unter dem Bilde eines zentrierten *biologischen Kraft- oder Determinationsfeldes* faßt, das, wenn an sich auch ebensowenig „verstehbar" wie Wirkungsquantum und elektrisches Feld, doch unter ausgesuchten Bedingungen ähnlich bestimmte *Messungen erlauben* soll wie der Begriff des elektrischen Feldes[44].

Die Forderung eines reindynamischen, nichtstofflichen, aber nichtsdestoweniger real im Raume gegebenen, d. h. wirkenden übergeordneten „Prinzips" soll sich nach GURWITSCH da besonders stark aufdrängen, wo *ein stofflich anscheinend vollkommen homogenes Gebilde eine differenzierende Formung und Normung* erfährt, in einer von geometrischen Parametern bestimmten Art; solche Fälle aber (z. B. die Blütenköpfchen der Kamille und Pilzhüte) sollen zeigen, daß *da, wo der Begriff des Biokatalysators nicht ausreicht, nämlich in der räumlich-aggregativen Anordnung der Stoffelemente bei der Ausbildung der Organe des Individuums*, ein dynamisches Richtfeld als übergeordnete „vielfache" oder „harmonisch-multiple Potenz" mit bestimmter Eigengesetzlichkeit vorhanden ist. Bestätigt sich all dieses und dazu die Realität dessen, was in den mitogenetischen Strahlen (GURWITSCH) u. dgl. an „stofffreien Faktoren" an den Tag zu treten scheint, so dürften tatsächlich schon wissenschaftlich verfolgbar rein „dynamische Potenzen" vorliegen, die auch der Katalysatorwirkung überzuordnen wären (vgl. P. WEISS' „Feldgesetze", CHILDS „Gradienten", v. UEXKÜLL: „Impulse" als unräumliche Veranlasser räumlicher Vorgänge; s. auch S. 75).

Wenn wir genötigt waren, jede Übersteigerung des Katalysebegriffes für die Biologie von vornherein abzulehnen, so wird damit doch an der *universellen Bedeutung der Katalyse für das Reich des Lebenden* nicht gerüttelt, zumal die Frage berechtigt erscheint, ob es *im Organismus* — abgesehen von einfachsten Ionenreaktionen wie Neutralisation und Salzbildung — *überhaupt nichtkatalytische Reaktionen gibt*, d. h. chemische Gesamtvorgänge, die als Bestandteile nur solche Elementarakte enthalten, die in keiner Weise von Ionen irgendwelcher Art, vom Medium, von Mikrokontakten und vom Gewebeeinfluß abhängig wären. Auf alle Fälle wird bestehen bleiben, daß, soweit *chemische Stoffe* für die Art, Richtung und Geschwindigkeit physiologischer, morphologischer und epigenetischer Prozesse verantwortlich haften, es sich wohl durchweg um Katalyse oder stoffliche Induktion handeln wird, und daß also, wenn eine der wichtigsten Fragen der Morphologie und Entwicklungslehre ist: Was vermag Chemismus zur Erzielung von Gestalten? — die Unsumme von Biokatalysatoren des Organismus eines der wichtigsten Mittel zur Erreichung beliebiger chemischer Ziele bildet. ,,Oft wird der Katalysator geradezu zum Zauberstab" (SCHADE).

Drei *Mannigfaltigkeitswunder* erscheinen zusammen als die *chemische Grundlage* für die Möglichkeit organischer Gebilde: die Unendlichkeit der Kohlenstoffverbindungen (vgl. STOCK, Triumph des Kohlenstoffs. Naturwiss. **1925**, 1000; ferner HENDERSON, KOTTJE u. a.), der Reichtum des kolloiden Zustandes mit seinen Grenzflächenkräften und deren ,,Elektrokinetik", und die Vielgestaltigkeit der Katalyse.

Hiermit beantwortet sich wohl auch ohne weiteres die Frage, was damit gewonnen ist, wenn man in Zukunft den Begriff ,,Katalysator" in Physiologie und Biologie allgemeiner anzuwenden versucht auf *jede stoffliche Hervorrufung und Lenkung von Stoffwechsel- und Entwicklungsvorgängen des Organismus*, und zwar auch dann, wenn diese verwickelte histologische und morphologische Aufbau- und Erhaltungsarbeit leisten. Tatsächlich handelt es sich nicht um eine bloße *Nomenklaturfrage*, sondern um eine Sache von *methodischer Wichtigkeit*, indem mit dem *Namen* ,,Katalyse" auch unser ganzes reiches *Wissen* über die Katalyse und über den ,,Mechanismus" dieser Katalyse mit eingebracht wird, so daß neue Anschauungsweisen und neue Fragestellungen für weitere Forschung möglich werden. Zugleich erscheint wichtig, daß — wie SCHADE erneut bemerkt — die Zurückführung eines Vorganges auf die Katalyse ein „Ausscheiden vitaler Wirkungsweise" für diesen Vorgang bedeutet; hatte doch BERZELIUS vor hundert Jahren die Katalyse aus dem Bereich der „*Lebenskraft*" losgelöst und abgespalten!

Daß dabei aber die *sachliche Vereinheitlichung*, die eine erweiterte Begriffsanwendung mit sich bringt, nicht zur Schablone führt, dafür werden die Biologen selbst zu sorgen haben; ihnen und ihren chemischen Helfern muß eine künftige Methodik und *Systematik aller Biokatalysatoren* ebenso überlassen bleiben, wie ein immer tieferes zeitmikroskopisches Eindringen in deren Natur, Entstehung, Wirkungsweise und Zusammenhänge[45].

KARL LUDWIG hat einst gesagt: „Es dürfte leicht dahinkommen, daß die physiologische Chemie ein Teil der katalytischen würde", und WILLSTÄTTER 1929: „Die unermeßliche Zahl chemischer Reaktionen in den lebenden Zellen wird durch die organischen Katalysatoren nach Richtung und Geschwindigkeit geregelt. Leben ist das Zusammenwirken enzymatischer Vorgänge" (allgemeiner: biokatalytischer Vorgänge). So wird es wohl zutreffen, was schon W. WUNDT 1914 („Sinnliche und Übersinnliche Welt") schrieb: „Die Komponenten der organischen Regulierungen lassen sich sämtlich auf katalytische Prozesse zurückführen, die ihrerseits Wirkungen der allgemeinen chemischen Affinitätskräfte unter besonderen Bedingungen sind." Oder: „Es sind die katalytischen Prozesse, die nicht bloß äußere Analogien zum Lebensprozeß bilden, sondern aus denen dieser nachweislich zu einem wesentlichen Teil selbst besteht." „Der Organismus, auch der Mensch, ist den chemischen Stoffen gegenüber ein Katalysator großen Stiles, zusammengesetzt aus einer unzähligen Menge elementarer Katalysatoren, die er selbst erzeugt." Hierzu schließlich DRIESCH (Naturbegriffe, S. 174): „In welchem Sinne verhält sich das Lebende etwa selbst als Katalysator, und was heißt das?" —

II. Allgemeiner Teil.

4. Katalysatoren als richtunggebende Ursachen.

Wir haben es unbedenklich ausgesprochen, daß die erörterten Biokatalysatoren ein chemisches Geschehen *hervorrufen oder verursachen*, und müssen bei der Umstrittenheit des Begriffs „Ursache" doch kurz die Berechtigung hierzu begründen. Dabei werden wir gut tun, nicht irgendeinen Ursachbegriff einer Einzelwissenschaft — und sei es der Physik — unbesehen zu übernehmen, sondern eine kleine erkenntniskritische Abschweifung zu machen[46].

Auf Grund seiner Erlebnisse mit der vielfachen Wiederkehr des annähernd Gleichen fühlt sich der Mensch gedrängt, an die vergangenen wie auch an die künftigen Erlebnisse mit der Vorstellung eines *Ordnungsgefüges* heranzutreten, das freilich etwa für den zaubergläubigen Tibetaner ganz anders aussieht als für einen IMMANUEL KANT. Allmählich entsteht die Verstandesforderung einer *einheitlichen kausalen Verknüpfung der Dinge*, die in ihrer höchsten wissenschaftlichen Entwicklung darauf hinausläuft, daß „in jedem Augenblick die gesamte Weltlage den nächsten Augenblick bestimmt" (MAUTHNER), oder daß es „kein Einzelgeschehen gibt, das nicht näher oder ferner durch alles frühere und gleichzeitige Geschehen bedingt ist" (N. HARTMANN), oder daß „der zureichende Grund jedes Geschehens in der Gesamtheit des voraufgehenden Verhaltens zu erklären ist" (v. KRIES). (B. RUSSELL: Theoretisch muß die Ursache das ganze Universum enthalten.) Da mit diesem universellen Postulat — dessen Gültigkeit weder bewiesen noch widerlegt werden kann — im Leben wie in der Wissenschaft nicht ohne Aufspaltung in einzelne Kausalreihen und Kausalgewebe gearbeitet werden kann, so holt der Mensch im Wort- oder Zahlensymbol[47] aus dem unendlich ausgedehnten Fluß des zeiträumlichen Geschehens einzelne, kleinere oder größere *Gefüge von Ursache und Wirkung* heraus, die sprachlich durch die *Wortgefüge* „weil — darum", oder „wenn — dann" gekennzeichnet und nach dem Bilde eigener Kraft- und Willensäußerung vorgestellt werden. „Der Ursachbegriff geht auf den handelnden Menschen zurück; der Wille als Ursache, die ihr Ziel in sich trägt" (STEINMANN).

Bei der unendlichen Mannigfaltigkeit des dicht verwobenen Geschehens in der Welt und bei der Entwicklungsweise des sprachgebundenen Denkens nimmt es nicht wunder, daß sogar in den exakten Naturwissenschaften bald Dinge (Sachen) als *bedingende Ursachen* angeführt und behauptet werden, bald auch Eigenschaften, Tätigkeiten und Vorgänge, ferner „Gedankendinge" und verallgemeinernde „Beziehungen" (abstrakte Begriffe, wie Kraft, Leben usw.), dazu schließlich psychische Gebilde mannigfachster Art. All dies ist tatsächlich auch in der Wissenschaft zulässig, wenn man sich nur darüber immer klar bleibt, daß die *Gesamtursache* stets ein in seinen Grenzen verschwimmender unübersehbarer *Komplex* ist, von dem nur, dem jeweiligen Aufmerksamkeitszustand und Interessenkreis entsprechend, ein bestimmter, quantitativ oft sehr unbedeutender Anteil als „auslösende" oder „unmittelbare" oder „entscheidende" Ursache hervorgehoben und alles übrige als „Bedingung" bezeichnet wird. Es sei das bekannte Beispiel eines Eisenbahnunglücks bei falscher Weichenstellung angeführt, wo der kausale Totalzusammenhang aus Hunderten von Bestandteilen besteht (in bezug auf Dampfkraft, Trägheitsgesetz, Eigenschaften der Stoffe und ihre Reaktion auf plötzliche Geschwindigkeitsänderungen, geringe Widerstandsfähigkeit des Lebendigen usw.), aber nur die eine *Teilursache* — eben die falsch gestellte Weiche — als „eigentliche" Ursache angesehen wird (deren Ursachen wiederum weiter, auch psychologisch und juristisch, nachgegangen werden kann).

Wenn der *Konditionismus* (MACH, VERWORN), der mit Recht auf die große Verwickeltheit der Bedingungen jedes natürlichen Geschehens hinweist (und z. B. in der Medizin die Konsequenzen aus dieser Erkenntnis zieht), dabei den Kausalbegriff völlig eliminieren will, indem auf die „Gleichwertigkeit" aller „Bedingungen" hingewiesen wird, so erscheint dies doch als eine willkürliche Gewaltsamkeit, die zu sehr im Widerstreit mit wohlmotiviertem Sprachgebrauch steht; auch wird dabei übersehen, daß „Ursachen" überhaupt nicht in der Natur „existieren", sondern nur als Denkprodukte vom menschlichen Verstande zum Ordnen der Erscheinungen „erzeugt" werden, so daß eine „Abschätzung" in bezug auf den Grad der Unmittelbarkeit und Wichtigkeit notwendig gegeben ist[48]. Man kann (s. BAVINK) allgemein unterscheiden:

    a) Zeitfolge-Abhängigkeiten.

    b) Simultanrelationen nach Art der „energetischen" Induktionen (z. B. elektromagnetischen Wechselwirkungen), ohne scharfe Grenze gegenüber den rein funktionalen Abhängigkeiten (MACH).

    c) Statistische Zusammenhänge, zunächst nur „Regelmäßigkeiten", aber auf das Walten wirklicher „Gesetzlichkeiten" hinweisend, „die ihrerseits sicher nicht auf Statistik beruhen" (PLANCK).

    d) *Ur*-Sachen, die „dahinterstehen", wie die „prospektive Potenz" DRIESCHS. Während a) b) c) genau genommen nur Antworten auf die „Wie-Frage" des Geschehens suchen (KIRCHHOFFS und MACHS „Beschreibung" der Vorgänge; kausal = modal: O. HERTWIG), kann d) mit seiner eigentlichen „Warum-Frage" nach der „Endursache" vom Kraft- und Faktorbegriff leicht in das Gebiet des Transzendenten, Irrationalen und Metaphysischen führen: causa efficiens und natura naturans als „letzte Ursache", „Entelechie", „Schöpfung".

Fassen wir den *Ursachenbegriff der Naturwissenschaften* mit seinen mannigfachen Schattierungen näher ins Auge[49], so gilt es zunächst, sich von der Einseitigkeit zu befreien, die in dem Satze „causa aequat effectum" niedergelegt ist. Wohl werden in der Physik genug Fälle einer solchen „*Gleichheit von Ursache und Wirkung*" konstatiert, indem man etwa in mathematischen Gleichungen die Tatsache ausdrückt, daß in einem abgeschlossenen System der Betrag der erzeugten Energie gleich ist dem Betrage der „hineingesteckten" Energie, und es ist wohl auch schon *diese Form* des Ursachbegriffs als die „klassische" angesehen worden. Jedoch bereits eine Übertragung solcher Denkweisen auf die Chemie ist ungewöhnlich, indem man in der Reaktionsgleichung

$$Na + Cl = NaCl$$

kaum ohne weiteres die linke Seite als Ursache, die rechte als Wirkung bezeichnen wird, obwohl das logische Recht dazu durchaus besteht, wie ersichtlich wird, sobald man die Gleichung in die konditionale Sprachform überführt: Wenn Natrium und Chlor zusammenkommen, so entsteht Chlornatrium. Wie wenig eine Einschränkung des Ursachenbegriffs auf Gleichheitsbeziehungen dem intellektuellen Bedürfnis einer kategorialen Ordnung der Dinge entspricht, geht daraus hervor, daß die *Erhaltungsgesetze* ja nur die *Form* und das Schema wiedergeben, worin sich die Mannigfaltigkeit des Geschehens vollzieht, und daß den Menschen in 99 von 100 Fällen gerade die *anscheinenden Ungleichheitsbeziehungen* viel mehr angehen als „Antworten auf Fragen, die kein Mensch stellt" (WINTERSTEIN). Hier handelt es sich darum, daß „gleichsam von der Seite herkommend", quantitativ unbedeutend aussehende energetische und stoffliche Momente entscheidend in den Fluß des Geschehens eingreifen, indem sie *auslösend, induzierend* oder „*katalysierend*" wirken (s. S. 17). So wird man denn bei der chemischen Gleichung

$$N_2 + 3H_2(+k) = 2NH_3 + 21,9 \text{ Cal}_{0°} \text{ (bzw. 25,4 Cal}_{503°})$$

kaum die „Selbstverständlichkeit" betonen, daß die „Affinität" (das „Vereinigungsstreben") von Stickstoff und Wasserstoff die „eigentliche", d. h. thermodynamisch bestimmende *Ursache* der Ammoniakbildung (mit gleichzeitig entwickelter Reaktionswärme) ist, sondern der Chemiker wird es fast immer vorziehen, das kleine unscheinbare k — d. h. das katalysierende Eisen — als die die Reaktion wirklich herbeiführende *unmittelbare Ursache des Geschehens* zu bezeichnen, nach Analogie mit dem gleichfalls Energien umsetzenden und dabei richtenden menschlichen Willen, der in der Handlung als dem Urbild der Kausalität dauernd zutage tritt[50].

Dabei ist von Bedeutung, daß „*Chemismus*" nicht in dem Maße wie der „Mechanismus" das Merkmal des Starrgesetzlichen und Festgebundenen besitzt, das in seiner begrifflichen Übersteigerung zur mechanistischen Weltanschauung geführt hat. Der Chemismus — und gar der Kolloidchemismus — mit seinem (in Abwesenheit von Katalysatoren) oft zögernden und abwartenden Wesen läßt viel Raum und gibt viel Freiheiten, die vom Katalysator (und von dem, was jene regiert) weidlich ausgenutzt werden. Während also in einem mechanischen System strenge Bindungen herrschen — ein freiliegender Körper, dessen Unterlage weggenommen wird, kann nicht anders als in bestimmter Weise zu Boden fallen —, sind für ein chemisches, zumal organisch-chemisches und biochemisch-kolloidchemisches System von vornherein *viele Laufmöglichkeiten* vorhanden, indem das, was wirklich aus dem System wird, nicht nur von Temperatur, Konzentration, Druck, Strahlung und Elektrizität, sondern vor allem auch von der Gegenwart bestimmter, scheinbar unbeteiligter, in Wirklichkeit aber sehr „aufdringlicher" Stoffe, eben der Katalysatoren, abhängt, die, ohne im mindesten energetische Arbeit zu leisten (s. S. 15), kausal bestimmend und richtend in den Ablauf des chemischen Geschehens eingreifen[51].

Alles in allem besteht demnach absolut kein Hinderungsgrund, den eine Reaktion hervorrufenden oder einen Gesamtvorgang lenkenden *Katalysator nicht nur als Antrieb und Anlaß, sondern direkt als Ursache des Vorganges*, also auch eines biologischen Vorganges, zu bezeichnen. Mit der Gültigkeit der Energieumsatz-Formeln, die in vollkommenster Form mathematisch ein Gleichbleiben aussprechen, hat das nicht das mindeste zu tun. Der Katalysator greift — gleichwie der Wille — nicht in die Energiegesetze (Erhaltungsgesetze) ein, seine Wirkung vollzieht sich vielmehr im Rahmen dieser. So wie es für die Gültigkeit der Gesetze der Mechanik in Bezug auf die Fallbewegung eines Steines, der von einem Berge herab ins Tal gelangt, schließlich ganz gleichgültig ist, auf welchen Wegen er hinabkommt und ob mit Zwischenstationen oder ohne solche, so bleiben die „Energiegesetze" immer auch erfüllt, ob ein stoffliches System sich selbst überlassen ist oder ob es durch die Anwesenheit eines Katalysators oder die Herrschaft eines Katalysatorsystems eine *Änderung in Geschwindigkeit und Richtung des Ablaufes* seiner Reaktionen, sowie hinsichtlich Zahl und Lage von „Haltepunkten" erfährt. Der Katalysator als einfachster richtunggebender Faktor ist und bleibt im heutigen dynamischen — nicht mehr mechanistischen — Weltbild eine *Ursache*, zwar keine Energie liefernde, jedoch nichtsdestoweniger immer eine richtige Ursache, zumal da er zweifelsohne das übliche Kriterium einer kausalen Verknüpfung besitzt, die *Voraussagung* eines Künftigen mit mehr oder minder hoher Wahrscheinlichkeit zu erlauben[52] (H. HERTZ; W. OSTWALDS „prophezeiende" Naturforschung).

In dieser Beziehung ist von der theoretischen Physik allerdings ein wichtiger Fall einer *grundsätzlichen Unmöglichkeit bestimmter Vorhersagungen* festgestellt worden, und zwar in HEISENBERGS *„Ungenauigkeitsrelation"*, die in Kürze besagt, daß der Genauigkeit der Voraussagen im atomaren Geschehen, d. h. bezüglich Ort oder Geschwindigkeit von „Elektronenwellen" bestimmte unüberschreitbare Grenzen gesetzt sind, und die in Weiterverfolgung bis in das Makrogeschehen mehrfach zu bestimmten Aussagen einer allgemeinen „Akausalität" und damit zu einer gewissen Erschütterung des Ursachenbegriffes geführt haben. Dabei aber wird von der Wissenschaft nach wie vor anerkannt, daß wir nicht „aus einem Meßresultat auf Eigenschaften des beobachteten Objektes schließen könnten, wenn das Kausalgesetz nicht einen eindeutigen Zusammenhang zwischen beiden garantierte" (HEISENBERG; s. auch BAUCH, Bl. deutsche Philos. 9, 125).

Die „Kausalitätsschmerzen" also (A. MEYER), die man schon vor zweitausend Jahren kannte (CHRYSIPPOS gegen Atomistiker, 200 v. Chr., siehe v. LIPPMANN, Chem.-Ztg. 1929, 257), und die in Zeiten der Eröffnung neuer physikalischer Erkenntnisgebiete — wie in den letzten Jahrzehnten — besonders leicht auftreten können, lösen sich regelmäßig in dem Gewahrwerden auf, daß nicht eine Aufhebung der „Kausalität" (als „Naturgesetz") stattgefunden hat, sondern daß das Kausalitätsbedürfnis und das Kausalitätspostulat in neuartiger und schließlich vollkommenerer Weise befriedigt wird — (PLANCK, V. MISES, HEISENBERG); würde ja auch andernfalls „den Dämonen des Wilden Tür und Tor geöffnet!" (EDDINGTON). SCHLICK: Das Kausalprinzip ist nicht eine Tatsache, sondern Aufforderung und Vorschrift. Nicht die Naturvorgänge sind verschwommen und ungenau; ungenau und verschwommen sind nur unsere Gedanken hierüber. v. LAUE: Ein Schluß von den Ungenauigkeitsbeziehungen auf ein Versagen des Kausalbegriffes ist nicht zwingend. Diese setzen jeder corpuscularen Mechanik eine Grenze, nicht aber jeder physikalischen Erkenntnis. SCHRÖDINGER: Die Begriffe „Ort" und „Bahn" sind überspannt, wenn man sie für kleinste Dimensionen anwendet. VOLKMANN (Kant-Festschrift 1924) betont, daß Ablehnung und Anerkennung der Kausalität von jeher gewechselt haben und daß neue Formen von Kausalität an die Gewinnung neuer Naturkonstanten geknüpft sind[53]. (S. auch GR. HERMANN, Naturwiss. 1935, 718.)

Die Biologie hat sich in ihren Kausalitätsbetrachtungen nie irremachen lassen. Denn wenn auch „die Lebenserscheinungen nicht restlos physikalisch-chemisch begriffen werden können", so ist damit doch „das Walten einer zwingenden Kausalität im Bereich des Lebens nicht in Abrede gestellt" (H. H. MEYER), nur daß gerade im Organismischen eine fast „unnatürlich" erscheinende Verzargung und „Verfilzung ineinander verwebter Kausalfäden" herrscht (O. KOEHLER u. a.)[54].

Für die Annahme eines bloßen *Zufalls* im Sinne einer fehlenden Bedingtheit von Naturvorgängen fehlt jede Beobachtungsgrundlage — auch die Biokatalysatoren machen keine Seitensprünge; und es kann sich nur darum handeln, ältere Vorstellungen einer mechanistischen „Punktkausalität" (Zurückführung aller Erscheinungen auf „Bewegungen" als das den Erscheinungen „Zu-

grundeliegende") zu klären und im Sinne eines den Fortschritten der Wissenschaft folgenden „Dynamismus" durch „verinnerlichte" Vorstellungen zu ersetzen (s. auch S. 85ff.)[55].
Wie schon im speziellen Teile ausgeführt (s. S. 43), steht der *Katalysatorbegriff in enger Beziehung zu dem Reizbegriff*, dem er untergeordnet werden kann. Vom Reiz aber (Stoffwechselreiz, formativer und regulativer Reiz) wird allgemein anerkannt, daß er zum Ursachenbegriff gehört: nach P. JENSEN den „Bedingungen" einzuordnen, besser der „Veränderung schaffenden Kausalität" DRIESCHS, der den „Reiz" oder den „Anstoß" die Ursache engsten Sinnes nennt. LUNDEGARDH: „Richtende innere Faktoren haben fast alle den Charakter von Auslösevorgängen. Ein und dieselbe stoffliche Bedingung kann als Komponente in den Stoffwechsel eingreifen oder katalytisch auslösend wirken." Der Begriff des „Impulses" aber (S. 45) baut (nach DRIESCH) die Brücke zum Ursachenbegriff der Psychologie („Motivation" als „Kausalität von innen gesehen": SCHOPENHAUER), die gewissermaßen „magisch" erscheint (LOESER). „Ein Handeln ganz ohne Motiv ist wissenschaftlich ebensowenig annehmbar wie ein absoluter Zufall in der unbelebten Natur (PLANCK)."

Biologische Angaben, die an katalytische „Reizkausalität" anklingen, sind beispielsweise folgende: Kern und Plasma sind eine Causa materialis, aus der die gestaltenden Kräfte als Causae efficientes hervorgehen (HEIDENHAIN). Der Keim enthält in sich die spezifischen Ursachen der späteren Formenmannigfaltigkeit (M. HARTMANN). Schilddrüsenbehandlung beschleunigt (Formbildungen) nicht nur, sondern führt herbei (P. WEISS). Beschleunigungen und Verlangsamungen sind für die Formbildung verantwortlich (O. KOEHLER). Die Gene tragen die Ursachen für die Entfaltung der differenzierten Eigenschaften in sich (G. WOLFF), indem sie das Plasmon steuern (v. WETTSTEIN, R. HERTWIG). Nach P. WEISS kann bei gewissen Formbildungsprozessen die Nervwirkung als notwendige Bedingung, ein Hormon oder „mitogenetische Strahlung" aber als die veranlassende Ursache gelten (s. auch S. 77).

5. Beziehungen der Biokatalyse zum Ziel- und Zweckbegriff und zur Ganzheit; Stellung der Katalyse im Organismus.

Der Biokatalysator als teleokausaler Faktor.

Nachdem wir den Katalysator als einen ursächlich wirkenden Elementarfaktor in der Dynamik des Geschehens gekennzeichnet haben, müssen wir weiter der Frage nachgehen, wie der Begriff der „katalytischen" Kraft von BERZELIUS — wir wollen unbedenklich einmal den Ausdruck „Kraft" (als einer regelmäßig wiederkehrenden Geschehensursache) gebrauchen — sich zum *Ziel-* und *Zweckbegriff* verhält. Wie schon die Worte „Zweck, Ziel" erkennen lassen, handelt es sich auch hier wieder um eine menschlich-bildliche Bezeichnungsweise, und zwar so gesehen, daß die Kausalreihe gewissermaßen zeitlich umgekehrt wird. Zwecke gibt es unmittelbar nur im menschlichen Wollen, indem der Verstand die „Folge" als gefühlsbetonte Vorstellung vorwegnimmt und sie zur „Vorursache" der „wirklichen Ursache" (Handlung) macht, die nun als *Mittel* zum Zweck (der Folge) erscheint. Dabei vollzieht der Wille eine *auswählende* Tätigkeit, indem von verschiedenen möglichen Mitteln *eines* verwirklicht wird, und oft wählt er auch eine ganze Menge ineinandergreifender und innerlich verbundener Kausalreihen aus, die planvoll nach- und nebeneinander verwirklicht und zu einem sinnvoll geordneten Ganzen gestaltet werden, so beim Bau einer Maschine, eines Hauses. Und wie steht es nun mit dem vielumstrittenen *Zweckbegriff in der Natur?* Wenn Menschen einen tiefen Schacht vorsichtshalber mit einer Steinplatte zudecken, so ist das eine typische Zweckhandlung; wenn derselbe Effekt etwa von einem großen Meteorsteine bewirkt werden sollte, der aus dem Weltenraum kommend gerade auf jene Öffnung trifft, so wird niemand von einem Zweck reden; dieser *Fall* ist zwar kausal bedingt, aber final betrachtet „*Zufall*". (S. auch G. WOLFFS Vergleich einer Gletschermühle mit einer Steinschleifmaschine.) Und doch weist schon die anorganische Welt nicht nur höhere „Ordnungen" auf, sondern auch Beziehungen, die eine Ziel- und Zweckbetrachtung zum mindesten als Analogie nahelegen; es sei an gewisse Prinzipien der Mechanik, wie das des „kleinsten Aufwands" und das der „schnellsten Ankunft", oder an den Entropiesatz, die „Gegenwirkung" im „beweglichen Gleichgewicht" nach LE CHATELIER und an die chemische „Affinität" als „Streben" chemischer Arbeitsleistung, vor allem auch an die „Ordnung" und „Harmonie" im Kosmos erinnert, die den Menschen schon sehr früh zu einer Art Sinn- und Zweckbetrachtung der Natur geführt hat[56].

Um tiefer einzudringen, empfiehlt es sich, die *begriffliche Scheidung von „Ziel" und „Zweck"*, die schon im gewöhnlichen Sprachgebrauch vorgebildet ist, auch hier einzuhalten, indem von „Ziel", „Zielstrebigkeit", „Finalität", „Konsekution" und „Teleokausalität" da geredet wird, wo der menschliche Verstand die zeitliche Kausalreihe prospektiv statt retrospektiv ansieht, *mit einer gewissen gefühlsmäßigen Höherwertung des zeitlich Nachfolgenden;* von Zweck, Zweckmäßigkeit oder gar Sinnhaftigkeit da, wo in die Verstandestätigkeit sich *nicht nur das Gefühl, sondern dem Werte zuliebe auch der Wille einmischt,* indem zeitlich-kausale Zusammenhänge analogisch nach dem Bilde menschlichen Strebens und menschlicher Willenshandlung angesehen werden und „gewertet" werden (Nützlichkeiten, Vorteile, Tauglichkeit). So betrachtet ist wohl *jede Kausalität Zielkausalität*, gerichtete Kausalität oder Teleokausalität, während *von Zwecken im engeren und eigentlichen Sinne nur in der organischen Welt die Rede sein kann*, die unmittelbar zur Anwendung des Zweckbegriffes herausfordert.

Wenn allein in der Retina des „kunstvoll aufgebauten" menschlichen Auges ein Zusammenwirken von 120 Millionen Stäbchen, über 1 Million Zapfen und etwa 400 000 Ganglienzellen zu konstatieren ist; wenn der komplizierte Blutkreislauf durch ein bestimmtes Zusammenwirken stofflicher und energetischer Ursachen erzeugt und aufrechterhalten wird; wenn bei der Zellteilung das Zentralkörperchen an seine geheimnisvoll revolutionierende Tätigkeit geht, in die dann Chromosomen und Plasmasubstanz mit hineingerissen werden; wenn gewisse Tiergattungen unwahrscheinlichste Generationswechsel und Metamorphosen durchmachen; wenn eine bestimmte Grabwespe eine Erdhöhle gräbt, an der Decke des Gewölbes Eier ablegt, dann z. B. eine Heuschrecke fängt, sie durch Stiche in der Bauchgegend vorübergehend lähmt, dann aber zur größeren Sicherung noch in einer Weise, die der geschickteste Arzt nicht nachmachen kann, durch komplizierte Gehirnmassage eine länger dauernde Betäubung erzielt, dann die Beute in der Höhle niederlegt und stirbt, worauf bald die ausschlüpfenden jungen Larven, deren Magen nur „frisches Fleisch" verträgt, das schwach zappelnde Beutetier allmählich aufzehren, bei unerwartet heftigeren Bewegungen aber an einem selbstgesponnenen Faden rasch nach der Decke emporklettern und sich so in Sicherheit bringen —, so erscheinen alle diese Vorgänge und Handlungen, *als ob* sie von einem (überindividuellen) Intellekt und Willen zweckmäßig und planvoll geleitet würden, und dieser Eindruck rührt davon her, daß auch hier dem Augenschein nach ein wohlüberlegtes *Auswählen* zwischen verschiedenen Möglichkeiten und ein planvolles Zusammenfügen verschiedener Kausalreihen zu einem harmonisch geordneten und „wertvollen" Ganzen angenommen werden könnte.

Überschaut man das Gesamtgebiet der Biologie — auch in ihrer sog. „mechanistischen" Erscheinungsform —, so zeigt sich, daß sie gewissermaßen vom Zweckgedanken durchtränkt, d. h. daß in ihr eine *teleokausale, in der Kausalitätsbetrachtung zugleich bewertende, ja sinngebende Denkweise herrschend ist*[57]. Jedes Leben „strebt" nach Erhaltung, Erhöhung und Vermannigfaltigung, die nur darum nicht in das Ungemessene fortschreitet, weil die „Erfindung des Todes" als „Kunstgriff der Natur, viel Leben zu haben" (GOETHE), d. h. Raum für neues Leben zu schaffen, die zielstrebige Vermannigfaltigung immer wieder jäh abbricht. Schon in der anorganischen Natur herrschen Erhaltungsgesetze wie „Erhaltung der Energie" — und Erhaltung ist ein Ziel —; in der lebendigen Natur aber erscheint die Erhaltung vor allem als

„Lebenserhaltung" in mannigfachster Weise abgewandelt, erweitert und auf eine höhere Ebene (bis zu bewußtem Denken und Wollen) erhoben: Assimilation, Adaptation, Formbildung, Regeneration und Restitution, Regulation, Kompensation und Selbststeuerung, Differenzierung, Organisation und Entwicklung, Trieb und Instinkt sind sämtlich biologische Begriffe, in denen KANTS „Naturzweck" oder v. BAERS „Zielstrebigkeit" herrscht, und nur mangelnde Einsicht es verschuldet, daß kausale und finale Betrachtungsweise „sich nicht völlig decken" (SIGWART, WUNDT).

KANT: Die physisch-mechanischen und die Zweckverbindungen mögen an denselben Dingen in einem Prinzip zusammenhängen. — Die Biologie hat die objektive Realität in Zwecken anzuerkennen als innere Zweckmäßigkeit des Naturwesens. — Die Welt als ein nach Zwecken zusammenhängendes Ganzes ist zugleich ein System von Endursachen. E. v. HARTMANN: Kausalität und Finalität sind nur zwei Aspekte *einer* Sache. — Dabei gilt aber immer das Wort von BECHER: „Ursache und Zweck laufen gleich wenig in der Natur frei herum"[58].

„Naturzwecke" im eigentlichen höheren Sinne findet der menschliche Intellekt in der *anorganischen* Natur nicht, zumal deren langausgesponnene und weitverzweigte Kausalnetze den Lebenswerten nur zu oft blind zerstörend, statt erhaltend, entgegentreten; zerstörende Wirkungen aber werden vom Menschen höchstens dann als zweck- und sinnhaft empfunden, wenn sie in höheren Erhaltungs- und Steigerungszusammenhängen stehen. *Im gesunden Organismus dagegen sind alle Merkmale einer objektiven Zweckmäßigkeit vereinigt:* ein fortlaufendes zeiträumliches Geschehen in einem Zusammensein-Wechsel unzähliger physikalischer und chemischer Einzelprozesse *mit dem ganzheitlichen Erfolge eines Wertes,* d. h. des Lebens in seiner individuellen und phylogenetischen Entwicklung (richtiger „Verwicklung", nach v. UEXKÜLL), wobei als unvermeidliche Dissonanz in der empfundenen Gesamtharmonie vor allem die Tatsache erscheint, daß das, was in bezug auf *ein* bestimmtes Organ oder *ein* lebendes Subjekt als zweckvoll empfunden wird, in bezug auf damit in Wechselwirkung stehende andere Organe oder Subjekte oft höchst zweck- und sinnwidrig sein kann und darum vom Individuum zur eigenen Lebenserhaltung und (beim Menschen) auch zur Erreichung höherer kultureller und moralischer Zwecke (vermeintlicher oder wirklicher) bekämpft werden muß. Dysteleologien mannigfacher Art treten dann auf höherer Ebene auch im Gemeinschaftsleben auf, ohne daß einer entwickelten Vernunft des Menschen die Hinwegdeutung oder Auflösung der zahllosen Sinnwidrigkeiten eigenen und fremden Daseins gelingt. —

Was aber hat das alles mit dem *Katalysator* zu tun? Doch ein wenig, wie wir sogleich sehen werden, wenn wir in Gedanken folgendes chemische *Experiment* machen: Wir denken uns einen Zinkoxyd-Chromoxyd-Mischkatalysator in Form einer porösen

Kugel, an der wir verschiedene Gasgemische vorüberstreichen lassen, und zwar unter solchen Bedingungen der Temperatur und des Druckes, daß eine Verbindung der Gase, wenn auch nur bis zu einem gewissen Grenzzustande, thermodynamisch möglich ist. Wir leiten zuerst ein Stickstoff-Wasserstoff-Gemisch über, das Ammoniak bilden könnte; es geschieht nichts, solange wir auch den Versuch fortsetzen. Wir wechseln dann das Gas, indem wir ein Kohlenoxyd-Wasserstoff-Gemisch zuführen. Sehr bald setzt eine Methanolbildung ein, die auch anhält, wenn wir das Gemisch mit Stickstoff verdünnen; der Stickstoff bleibt nach wie vor unbeteiligt. Wären wir dazu in der Lage, das molekulare Geschehen am Katalysator in einem Medium von Wasserstoff, Stickstoff und Kohlenoxyd mit unseren Augen zu verfolgen, so würden wir gegenüber dem Stickstoff völliges „Verschmähen", den anderen Gasen gegenüber aber „Bevorzugung" in lebhaften Assimilations- und Abstoßungsvorgängen (Adsorption und Desorption) wahrnehmen, die zwar unmöglich an die verwickelte Handlungskette der Grabwespe, jedoch etwa an die einfacheren Stoffwechselerscheinungen von Amöben und Infusorien mit ihrer auswählenden Nahrungsaufnahme erinnern. Was soll das nun sagen? Einer naiven Betrachtung, die nichts von Chemie weiß, könnte es erscheinen, *als ob* der Katalysator — dem ja überhaupt noch heute ein wenig der Geruch der Zauberei anhaftet — ein primitiv denkendes und wollendes Wesen wäre (eine „Entelechie" niederer Art), das mit der Fähigkeit des wahlhaften Willensentschlusses zum Ergreifen dieses oder jenes „Nahrungsstoffes" und zum Abstoßen der verbrauchten „Stoffwechselprodukte" begabt ist; der Vorgang selbst aber als ein Prozeß, der zwischen stofflichem „Eingeschaltetwerden und Sichwiederausschalten" bestimmter Art hin und her „vibriert", erscheint als einfachstes *Modell gerichteter, ja zweckhaft gelenkt erscheinender Lebensvorgänge.*

Dabei wird aber kein Chemiker daran zweifeln, daß z. B. der Nickelkatalysator im System Kohlenoxyd und Wasserstoff „gar nicht anders kann", als den angestoßenen Reaktionsverlauf bis zum „thermodynamischen Ende": Methan und Wasser treiben, während andere Katalysatoren ihrem Wesen gemäß einen anderen Reaktionsmechanismus einleitend, schon an bestimmten Zwischenstellen abbrechen „müssen" und so zu anderen Produkten führen, der Zinkoxyd-Chromoxyd-Katalysator zu Methylalkohol oder bestimmte Kobaltkombinationen zu flüssigen Kohlenwasserstoffen u. dgl. Eine streng deduktive „Ableitung" solcher spezifischen Fähigkeiten — man denke vor allem auch an die Enzyme usw. — aus den allgemeinen „Affinitätsverhältnissen" der Materie und schließlich sogar aus den Gesetzen der Atomphysik und Quantenmechanik steht allerdings noch in sehr weitem Felde. Es wird also schon zutreffen, daß ganz allgemein die wahlhaft und zielgerichtet erscheinenden Vorgänge des Organismus, indem sie durch ein System von Biokatalysatoren (Organkatalysatoren) und sonstwie geleitet werden, dabei kausal vollkommen gegeben sind, so daß (nach WUNDT) ein und derselbe Lebensprozeß gemäß einer immanenten Teleologie zugleich „kausal bedingt *und* zweckvoll" ist und KANT verheißungsvoll sagen durfte: „Ins Innere der Natur dringt Beobachtung und Zergliederung der Erscheinungen, und man kann nicht wissen, wieweit diese mit der Zeit führen werden!" Wenn aber so gemäß dem alten Worte von v. BAER: „Man muß die Zwecke der Natur nicht durch Klugheit erreicht denken, sondern durch Notwendigkeiten" in der Biologie der Zweckbegriff als regulatives Prinzip verwendet wird, indem man durch eine Zweckbetrachtung „als ob"... verwickelte Zusammenhänge aufsucht, die dann dem zergliedernden Verstande *als Material für Kausalitätsforschung* — und erschiene diese von vornherein noch so aussichtslos — zu überliefern sind[59]: so wird dabei der *Begriff des Katalysators* als eines „Drangfaktors", der ebenso wie Organfunktion, Trieb und Wille das Merkmal des Auswählenden, Richtunggebenden und Steuernden trägt, nicht fehlen dürfen. Katalytischer und sonstiger Ursachbegriff und planwirtschaftlicher Zweckbegriff gehören in der Biologie auf das engste zusammen, wobei schließlich, menschlich gesehen, das auf niederer Ebene bereits „zielstrebige" Katalysatorgeschehen zusammen mit sonstigem physikalisch-chemischem Geschehen in den Dienst in höherem Sinne zielstrebiger Potenzen tritt.

K. E. RANKE: Das Lebendige ist ein neues Ganze aus ursächlicher Verknüpfung und Zweckverknüpfung in unlösbarer Verflechtung. Lebendige Form ist Zweckform mit vorschauender Verknüpfung der Vorrichtungen und Werkzeuge im Hinblick auf das Ganze, ohne daß die Gesetze der Ursachenwelt überwältigt oder vernachlässigt werden. „Alles Lebendige muß in die Zukunft weisen."

Ganzheit im allgemeinen und im besonderen Sinne; Beziehung zu Kausalität und Zweck; Ganzheitszüge in der Katalyse. Bei der kritisch-empirischen Säuberung des wissenschaftlichen Zweckbegriffes von allem Transzendenten ist als Nebenertrag eine ausgedehnte Beschäftigung mit dem — auch für die Katalyse — wichtigen *Begriff des Ganzen und der Ganzheit* angefallen [60]. Unter Ganzheit im einfachen oder allgemeinen Sinne — der bloßen Häufung oder Akkumulation gegenüberstehend — kann man verstehen Zusammenhänge oder Beziehungen nicht- (oder nicht nur) teleokausaler Art, insbesondere *im Gleichzeitigen und Nebeneinander*, derart beschaffen, daß die Summenhaftigkeit überschritten wird. „Das Ganze ist mehr oder anders als die Summe seiner Teile" (A. MEYER). Immer ist *die „Ganzheit" begrifflich schwerer zugänglich als die Kausalitätskategorie*, weil in „Korrelationen", die schließlich das Wesen der Ganzheit ausmachen, die Feststellung von Regelhaftigkeiten auf besonders große Hindernisse stößt und in bezug auf Ganzheit nicht leicht experimentiert werden kann. (DRIESCH rechnet daher das Wort „ganz" zu den im Grunde undefinierbaren Worten mit „Urbedeutung"; nach FECHNER haben alle Ganzheitsaussagen nur den Wert von Gleichnissen.) [61]

In eindringlicher Form tritt die *Ganzheit* auf in den *Querverbindungen* des zeiträumlichen Geschehens, d. h. in der Tatsache, daß *gleichzeitig* an verschiedenen Orten vorhanden ist oder geschieht, was, ohne voneinander unmittelbar und sichtlich „abhängig" zu sein, doch Zeichen einer *Ordnung* trägt, die „rechenmäßig" über das Summenmäßige oder über ein statistisches „Zufallsresultat" hinausgeht. Dabei kommen als Ganzheiten in Betracht: homogene und heterogene (mehrphasige Gebilde), gleichartige und ungleichartige, niedere und höhere, gleichbleibend beharrende und veränderliche, stoffliche und funktionelle (Reaktionskomplexe), reale und formal-begriffliche (z. B. Ganzheitskausalität, Ganzheitszweck); stationäre Zustände (Flamme, Wolke, Wasserfall); Artefakte (Maschinen, Bauwerke, Kunstwerke); Organismen, Lebensgemeinschaften als ökologische und ideelle Ganzheiten (z. B. Rasse, Volk, Kultur, Menschheit). Eine wichtige Gruppe der Ganzheiten sind die „physischen Gestalten" (W. KÖHLER), z. B. Atom, Molekel, Krystall; Stein, Berg usw., schließlich Erde, Sonnensystem. Milchstraßensystem, Universum als „Makrokosmos". „Die sich durchkreuzenden und verwebenden Billionen und aber Billionen von Wirkungsquanten ergeben „einen Kosmos von geradezu unwahrscheinlich anmutender Symmetrie, Ordnung und Regelmäßigkeit" (TITIUS). Außer „Sachganzheiten" gibt es bloße Reihen-, Wort-, Beziehungs-, Bedeutungs-, reine Begriffs- und andere Denk- und Sprech-Ganzheiten. Nicht auf physikalisch-chemische Vorgänge (auch nicht auf „Ladungsstruktur anisotroper elektrischer Felder") zurückführbar erscheinen die „psychischen oder intrazentralen Ganzheiten", die in das Licht des Bewußtseins treten als gefühls- und willensbetonte Wahrnehmungen, Vorstellungen, Begriffe und Gedanken; das ganze Seelenleben ist „ein ganzheitliches Strömen" (ALVERDES)[62].

In der heutigen Biologie nimmt der *Begriff der Ganzheit* und des *Dienstes am Ganzen* eine *beherrschende Stellung* ein. DRIESCH hat in seinen berühmten Durchschnürungsversuchen an Seeigeleiern gezeigt, daß die embryonale Entwicklung eine ganzheitliche Leistung ist, zu der selbst „Bruchstücke der Anlage" noch gezwungen werden können. M. HARTMANN: Die Systemwirkungen in den Organismen sind Ganzheitsbeziehungen, und die Systembedingungen sind Erhaltungsbedingungen. GURWITSCH: Eine Zerlegung der Mannigfaltigkeit durch Rollenverteilung ist nicht voll durchzuführen. (Vgl. auch REINKES „Dominanten" als dynamische Einheiten oder „diaphysische Kräfte".) PÜTTER: Es liegt in der Natur des Lebens als eines gestalteten Geschehens, daß es nicht als die Summe der einzelnen Bestandteile verstanden werden kann. DRIESCH: Ganzheit ist eine Gesamtheit, deren Genese unauflösbar ist. Das Ganzmachende gehört dem Bereich des Unbewußten an (Ganzheitsdynamik der Entelechie, in Funktionsharmonie, Formentypik und Handlungen zutage tretend). UNGERER: An Stelle der Zweckbetrachtung ist Ganzheitsbetrachtung zu setzen, weil Zweck immer nur Erhaltung und Wiederherstellung des Ganzen ist. BENNINGHOFF: Form oder Teilsystem kann nur als Glied eines Ganzen begriffen werden (vielfach in „ästhetischen Zweck" übergehend). STEINMANN über das Verhältnis des Organs zum Organismus: Es liegt etwas wie Synthese in dieser Art des Schauens. MAUTHNER: Immer läuft die Definition des Organischen darauf hinaus, daß die Organe die Ursache des Lebens sind und daß sie zugleich ihre Zweckursache im lebendigen Ganzen haben. KOTTJE: Das Ganze lebt in jedem seiner Teile. RANKE: Nur das lebendige Ganze gibt seinen Gliedern Sinn und Bedeutung. BAVINK: Vom Atom bis zum Fixsternweltall und von der Amöbe bis zum Menschen führt eine fast ununterbrochene Stufenleiter immer höherer und umfassenderer Ganzheitsbildungen.

Der *Zusammenhang der grundlegenden Begriffe Kausalität, Finalität und Ganzheit mit der Steigerung bis zur Organik* (L. ZIEGLER), d. h. dem schon psychophysischen Begriff der „*Organisation*" — als Prozeß und Zustand — soll in dem *Schema* der folgenden Seite veranschaulicht werden, das allerdings — bei der nicht eindeutigen Definition der Worte in der Wissenschaft — willkürliche Züge trägt. (Dem Sprachgebrauch sollte möglichst wenig Gewalt angetan werden, was jedoch bei der nicht streng logischen Struktur der Sprache nicht ohne einen Rest Unklarheit möglich ist.)

Genügend eingesehene oder als notwendig postulierte Beziehungen erscheinen in der Theorie allgemein als „*Gesetze*", un-

Ordnungsgefüge in bezug auf Naturmannigfaltigkeiten.

(Die unterstrichenen Worte kennzeichnen die streng und unmittelbar nur im Organismischen triftigen Begriffe.)

Grundbeziehungen

A) im Aufeinanderfolgenden.   B) im Gleichzeitigen.
(Zeitliche Abhängigkeiten)   (Räumliche Beziehungen, „Wechselwirkung", „Spannung")

I. Mit dem Verstande „erfaßt":

Geltungsgefüge (Kategorien)
(Wahrheit = Richtigkeit)

Kausalität als Vergangenheitsbezogenheit oder Folgeverknüpfung: Ursache—Wirkung („weil—darum", „wenn—dann")   Ganzheit oder Gliedhaftigkeit (statt bloßer Summe oder Häufung von „Teilen"): Einfache Relationen zwischen „Gliedern"

Ganzheitskausalität
↓

II. Dazu mit dem Gefühl „empfunden":

Wertgefüge (Wertung)

Zielstrebigkeit, Finalität, oder Teleokausalität als Zukunftsbezogenheit: Weg—Ziel („so daß")   Harmonie oder Disharmonie: Gestaltung; Form- und Kompositionsharmonie

Teleoharmonie
↓

III. Außerdem mit dem Willen „erlebt":

Sinngefüge (Sinngebung)

Zweckhaftigkeit (Teleologie als Ganzheitsbezogenheit: Mittel—Zweck („damit")   Korrelation und Hierarchie der Funktionen: Funktionssysteme mit Funktionsharmonie; Synergie und Syntonie

Organisation als Sinnhaftigkeit
eines Totalitätsgeschehens (Organismus)

IV. In das Universale „erweitert":
↓
Kosmos

genügend eingesehene von mehr vorläufigem Charakter als *Regeln* oder, falls sehr „isoliert" dastehend (s. Anm. [58]) als *Zufall*: d. h. als „ein Zusammenfallen von Kausalreihen, deren Ganzheit in unser Erfassen nicht eingeht" (BAUCH).

Über den Begriff des *Zufalls* in der Natur — des „Schattens der Notwendigkeit" (WINDELBAND), mit seiner Doppelbedeutung als „kausaler" und als „finaler" Zufall — s. insbesondere JUST, Der Zufall im organischen Geschehen, 1925, wo an dem Beispiel des Seesternes mit seiner „zufälligen" Lenkung der Gesamtbewegung nach rechts oder links als Resultante vieler konkurrierender, der Oberleitung entbehrender, dabei aber im einzelnen durchaus kausal bedingter phototaktischer Bewegungen der einzelnen Füßchen deutlich wird, daß in der Verschlingung und Verfilzung von Kausalreihen die eigentliche Domäne des Zufallbegriffes liegt („im Sinne des Vorhandenseins einer Mannigfaltigkeit kausaler Einzelfaktoren, die in quantitativ verschieden abgestufter Weise miteinander kombiniert sein können", Verh. dtsch. zool. Ges. **1925**, 162). Auch das rotierende Maschinengewehr mit seiner Streuung in zahllosen Zufallstreffern arbeitet streng kausal, und ein statistisches Ordnungsgefüge im großen kann nicht aus einer vollkommenen Unordnung im kleinen, sondern nur aus einer — wenn auch unvollkommen oder gar nicht erkannten — Ordnung im kleinen hervorgehen[63].

Da es sich beim „Zufall" regelmäßig um *Einsichtsfragen* handelt, so ist anzunehmen, daß mit fortschreitender Erkenntnis das Gebiet des Zufalls in der Wissenschaft immer mehr eingeengt und demgemäß das Reich der Ordnung immer mehr erweitert werden wird. Was mithin „mechanistisch" gesehen, noch als „blinder" willkürlicher „Zufall" erscheinen konnte (etwa Formbildung und Vererbung), zeigt „statistisch" durchgearbeitet bestimmte Gesetzmäßigkeiten (z. B. Mendel-Gesetze), die dann einer „dynamischen" Forschung die Aufgabe stellen, solche Gesetzmäßigkeiten soweit als möglich „einzusehen", d. h. auf allgemeine Eigenschaften des „Stoffes" (bzw. belebten Stoffes) mit seinen „höheren Ordnungen" zurückzuführen bzw. davon abzuleiten.

Zur Ergänzung des Schemas S. 68 im Hinblick auf den *Zufallsbegriff* und sein Verhältnis zu Kausalität, Finalität und Ganzheit wird als Versuch noch ein zweites Schema aufgestellt, hier ohne Scheidung von „Ziel" und „Zweck", da diese graphisch zunächst durch ein gemeinsames Symbol wiedergegeben werden können. (Von der besonderen Bedeutung des Wortes „Zufall" als „Absichtslosigkeit" — nur für wollende Wesen anwendbar — kann hier im allgemeinen abgesehen werden.)

Einfügung des Zufallbegriffes in das Ordnungsgefüge
der Kausalität, des Zieles oder Zweckes und der Ganzheit.

A) Einfache Konstatierung			B) Konstatierung mit Wertung: Lust—Unlust, und Sinngebung	
Einzel-kausalität	Ganzheit	Ganzheits-kausalität	Einzelziel (oder -zweck)	Ganzheitsziel (oder -zweck)

Der „**Zufallsschatten**": Mangelnde Einsicht oder mangelnde Postulierung solcher Ordnung:

C) Kausaler Zufall (indifferent)		D) Finaler Zufall (Glück und Unglück, Nutzen und Schaden)	
Einzeltreff- oder Eintreffzufall	Zusammentreff-zufall	Glückliches oder unglückliches Eintreffen	Glückliches oder unglückliches Zusammentreffen

In das Transzendente erhöht:

„Blindes" Schicksal ⟵⟶ Fügung, Vorsehung

Die *Querlinien* in den Schemen der Ganzheiten zeigen durchweg die (mehr oder weniger eingesehenen oder postulierten) Ganzheitsbeziehungen (Korrelationen) an, die Zeichen + und − die Gefühlsbetonung, das angedeutete „Auge" die im Zweckbegriff vorhandene Fiktion einer „Absicht", eines „Wollens". Immer und durchweg handelt es sich nicht um die Dinge selbst, sondern um eine mehr oder minder vorhandene Einsicht (und um das Verlangen nach Einsicht) in die Dinge und ihre „Zusammenhänge" sowie gegebenenfalls auch um deren Wertung und Sinngebung nach angenehm und unangenehm, schön und häßlich, nützlich und schädlich, gut und schlecht, zweckmäßig und zweckwidrig, sinnhaft oder sinnlos. („Werte bestehen nur für den Fühlenden": Lotze.)

Bei den mancherlei Unstimmigkeiten in dem Gebrauch allgemeiner biologischer Begriffe, dem ein Übereinkommen strengerer

Definitionen als der „einzigen wirksamen Arznei des Denkens" (MAX MÜLLER) sehr zu wünschen wäre, erschien diese Abschweifung nötig, bevor *die Stellung des Begriffes „Biokatalysator" zur „Ganzheit"* erörtert wird. Ein einzelner elementarer Stoff als Katalysator ist in jedem bestimmten Falle durch ein einzelnes bestimmtes „Richten und Schaffen" gekennzeichnet; die Einreihung des von ihm hervorgerufenen Uraktes in den Gesamtablauf der katalytischen Bruttoreaktion untersteht kausalen Zusammenhängen. Ausgesprochen ganzheitliche, d. h. im Gleichzeitigen Summenhaftigkeit überschreitende Züge einfacher Art weisen erst *Mehrstoffkatalysatoren* auf, indem sich ihre Wirkung quantitativ und qualitativ nicht ohne weiteres rechnerisch durch Addition der Teilwirkungen ergibt (S. 9). So sind anerkanntermaßen bei den „Aggregaten" oder „Symplexen", als welche die Enzyme erkannt worden sind, die „kolloidalen Beimischungen" ebenso wichtig und unentbehrlich wie die Wirkungsgruppen, hochgradige Reinigung aber setzt die Aktivität mehr und mehr herab; und bei den Hormonen wird es wohl nicht viel anders sein. Allgemeine Katalysatoren wie das Wasserstoffion und spezielle Katalysatoren wirken z. B. bei der Atmungsregelung und der Kontrolle des Kolloidzustandes in schwer übersehbarer Weise zielstrebig zusammen, *verschiedene Arten und Gruppen von Biokatalysatoren stehen in synergetischen Beziehungen* (S. 49), und schließlich bestehen auch höhere harmonische Zuordnungen zwischen den Wirkungen der Biokatalysatoren und den Funktionen des Nervensystems. Immer aber erscheint dabei, menschlich gesehen, der Katalysator als ein „Instrument" in höherem Sinne ganzheitlich wirkender „Potenzen", welche die erforderlichen Biokatalysatoren nach Bedarf erzeugen, verteilen, hin und her senden und in ihrem Zusammenspiel regeln.

Korrelative Ganzheitsbeziehungen, sicher unter Beteiligung der Katalyse, finden sich weiterhin überall im Lebendigen, vom Samen und Ei bis zum fertigen Organismus: im Aufbau- und Erhaltungsstoffwechsel, in Reizwirkung und Reizbeantwortung, Regeneration und Restitution, Formbildung und Fortpflanzung. Die Ionen des Blutserums wirken in physiologisch ausgeglichener Lösung einträchtig zusammen zur Herbeiführung von Reaktionen, die für den Organismus nützlich sind; jedes Einzelsalz für sich aber wirkt kolloidchemisch „giftig" auf die Zelle. „Der Körper bringt es fertig, in seinem Serum allen störenden Einflüssen zum Trotz stets bestimmte lebenswichtige Ionen in bestimmter Menge und in bestimmtem gegenseitigen Verhältnis zu erhalten und dabei die Gesamtsumme aller

Lösungsteilchen auf eine fast absolute Konstanz einzustellen" (SCHADE). — "Alle Körperzellen sind von Genen, also von Beziehungen zur Ganzheit des Körpers durchdrungen" (R. HESSE, Naturwiss. **1934**, 845). Jeder Erbfaktor der Chromosomen vermag seine Wirkung nur im Ganzheitssystem von Kern und Plasma zu entfalten. Man denke ferner an SPEMANNS u. a. *Überpflanzungen*, mit dem konkurrierenden, aber doch ganzheitlichen Zusammenwirken von "Ort" und "Art", und an BETHES "vertauschten Körperbestand" bis zu experimenteller Nervenkreuzung u. dgl., auf "Plastizität" des Leistungskomplexes ("Zusammenschluß verschiedener Mechanismen") beruhend. Nach BENNINGHOFF ist ein Knochen nicht seinem eigenen Orte eindeutig angepaßt: "das Schienbein muß mit Rücksicht auf seine Nachbarschaft dreikantig sein". Ferner: "Alle Teilknospen eines Zweiges nehmen aufeinander Rücksicht." Das Atmungsvorgang der Organismen (HALDANE), die Muskelinnervation, das "Formensehen" sind ganzheitliche Vorgänge; Bewegungen können nicht aus Reflexen aufgebaut gedacht werden. Das Nervensystem ist ein einheitlicher Apparat, der stets als Ganzes arbeitet; schon 1901 hat v. KRIES Ganzheitsordnungen bis in das zentrale Nervensystem hinein verfolgt, wo nicht einfache Leitungsbahnen, sondern intercellulare "Netzzusammenhänge" ein harmonisches Zusammenspiel verbürgen.

"Natur und Kunst sind zu groß, um auf Zwecke auszugehen, und haben's auch nicht nötig, denn Bezüge gibt's überall, und Bezüge sind das Leben" (GOETHE). "Gerichtet" in dem allgemeinen Sinne, daß von verschiedenen denkbaren Bewegungen, Reaktionen, Funktionen jeweils nur die eine stattfindet, sind alle Vorgänge in der Natur. Und doch ist ein Unterschied zwischen den gerichteten Bewegungen in einem "planlos" geschüttelten Sack Erbsen und denjenigen in einem Ameisenhaufen, indem nur hier *sämtliche Vorgänge auf ein gemeinsames, einheitliches "Ziel" gerichtet* erscheinen, d. h. gemeinsam zu einem "höheren Erfolg" beitragen und an diesem Anteil haben. In diesem Sinne gerichtet, also ganzheitlich auf *ein* Ziel gerichtet und immer von neuem wieder auf dieses Ziel gerichtet, erscheinen im gesunden *Organismus* sämtliche Erscheinungen; in diesem Sinne existiert in den Geweben des Körpers ganzheitlich gerichtete Koagulation, ganzheitlich gerichtete Membrandurchlässigkeit, ganzheitlich gerichtete Quellung und Entquellung, ganzheitlich gerichtete Katalyse, ganzheitlich gerichteter Stoffwechsel, ganzheitlich gerichtete Regulierung, ganzheitlich gerichtete Formbildung und Entwicklung usw.

In der "Entwicklungsreihe" der Organismen wird mit gleichzeitiger Zunahme biokatalytischer Erscheinungen die Ganzheitsmannigfaltigkeit immer komplizierter, von der Struktur der Amöben und ihrem seltsamen Zusammenwirken (Myxamöben) für Fruchtkörperbildung in ganzheitlicher Koordination, über die "Reflexrepubliken" der Echinodermen usw. bis zu den höheren Organismen und ihren Lebensgemeinschaften: allenthalben regulative sinnvolle Ganzheiten der Funktionen mit Bedacht auf die Werte der Lebenserhaltung, Lebenssteigerung und Lebensvermehrung. "Wert hat das, was den Organismus in den Stand setzt, seine Aufgaben zu erfüllen." (Dabei brauchen "objektiver Wert" und "subjektive Bewertung" nicht übereinzustimmen.) "Auch die Umwelt wird aufgebaut mit Ordnung nach Bedeutung und Aufgabe, Sinn und Wert" (ALVERDES). Siehe ferner: Symbiose, Biozönose (WOLTERECK, FRIEDERICHS, GRADMANN, K. ESCHERICH), und „die ganze Erde als Lebenseinheit" (FECHNER).

Der Organismus; das biologische Feld; Biokatalysatoren in übertragenem Sinne (Pseudokatalyse).

Im *individuellen Organismus* als „Reizgestalter" (WEIZSÄCKER) gipfeln die Begriffe Natur-Zweck und Natur-Ganzheit (als „Ganzheitsbezogenheit" nach DRIESCH), die dann vom Menschen (oder seiner „Kollektivpsyche") auf die Ebene der Gemeinschaften, des Völkerlebens und der Geschichte erhoben werden. *Der Organismus ist von Anfang an („Kosmos im Keim") gekennzeichnet durch eine funktionelle Harmonie „harmonisch-äquipotentieller Systeme"* (DRIESCH) oder durch eine „Totalität" (ALVERDES), d. h. hinsichtlich seiner Funktionen zukunftsbezogene und wahlhafte, beim Menschen dazu noch Sinn- und Wert-bezogene „Aktivität", die dem Organismus immanent ist, indem er sie, nicht auf Grund von Einsicht oder Zielbewußtheit, sondern gemäß „irrationaler Kräfte" aus angeborener „Bereitschaft" herstellt und erhält. „Wohlordnung" (DRIESCH) und Harmonie des gesunden Organismus aber und seiner Einzel- und Kollektivleistungen besteht immer darin, daß im Hinblick auf das Ziel der Lebenserhaltung und Lebenssteigerung alles zur rechten Zeit und am rechten Ort und im rechten Zusammenhang mit dem übrigen existiert und geschieht, so daß im ganzen das Bild einer einheitlichen „Wohllenkung" entsteht[64].

Ein organisches System erscheint als ein System „mit der Tendenz zur Stabilität" (FECHNER), als eine hierarchische Ordnung über dem chemischen Niveau (WOODGER), als Streben nach Erhaltung der Form unter ständigem Fluß des materiellen Substrates (GURWITSCH), als Ordnungsgesetzlichkeit der Prozesse im stationären Ablauf („Prozeßhaftigkeit des Lebens" nach EHRENBERG) oder als offenes System mit einer hierarchischen Ordnung im dynamischen Gleichgewicht stehender Abläufe, mit übergelagerten hohen Wellen im gleichförmigen Strom des Geschehens (BERTALANFFY; „Systemgesetzlichkeit" als Ordnung im Dienste des Ganzen). „Ein lebender Organismus ist ein in hierarchischer Ordnung organisiertes System von einer großen Anzahl verschiedener Teile, in welchem eine große Anzahl von Prozessen so geordnet ist, daß durch deren stete gegenseitige Beziehung innerhalb weiter Grenzen bei stetem Wechsel der das System aufbauenden Stoffe und Energien selbst wie auch bei durch äußere Einflüsse bedingten Störungen das System in dem ihm eigenen Zustand gewahrt bleibt oder hergestellt wird, und daß diese Prozesse zur Erzeugung ähnlicher Systeme führen." Dabei zeigt sich allgemein das eindrucksvolle

Bild, daß das, was in einem höheren System noch als einigermaßen beharrlicher „Baustein" in der „Struktur" des Ganzen erscheint (die Zelle im Organismus, „Protomeren" und Molekeln in der Zelle, die Atome in der Molekel, Elektronen und Protonen im Atom), für sich allein betrachtet zu einem wandelbaren Geschehen wird, so daß am Schlusse — unter Verflüchtigung des alten physikalischen Substanzbegriffes — ein unübersehbares „Geschehensfeld" mit einer Unzahl nach bestimmten Regeln oszillierender und zusammenwirkender „Geschehenswolken" auf der Grundlage rätselhafter Wirkungsquanten zurückbleibt. — Man müßte aber (nach LIESEGANG) „mit tausend Zungen reden", um auch nur den Anteil einer einzigen Vorgangsart (z. B. Diffusion durch Membranen oder Keimwirkung in Gelen) am Gesamtgeschehen im Organismus gebührend zu schildern.

Nach UNGERER ist der Organismus „ein Naturding von einem hohen Mannigfaltigkeitsgrad der es zusammensetzenden Stoffe, ihrer Anordnung und der an ihnen vor sich gehenden Veränderungen, bei dem ein großer Teil der Vorgänge so verläuft, daß sie die Erhaltung der Ganzheit dieses Naturdinges bedingen oder zur Erzeugung und Erhaltung von Naturdingen derselben Art führen": Die Gesamtheit der Teile — die reale Ursache des Ganzen; die Idee des Ganzen — die ideale Ursache der Teile, die „ihrem Dasein und ihrer Form nach nur durch die Beziehung auf das Ganze möglich sind". — Dabei erscheint (von GOEBEL in bezug auf die Pflanzenwelt ausgesprochen) die Mannigfaltigkeit der Organbildungen größer als die Mannigfaltigkeit der Lebensbedingungen: ein Hinweis auf das Unzureichende Darwinistischer Anschauungen.

OLDEKOP nennt die *Natur ein vielstufig hierarchisches System* unzähliger realer, im metaphysischen Urgrund wurzelnden Wirkungseinheiten (Entelechien), die im Reich des Lebendigen besonders „handgreiflich" werden, wobei durchweg die übergeordnete Einheit ebensowenig restlos auf die Vielheit ihrer Glieder zurückführbar ist wie umgekehrt diese Vielheit der Glieder ableitbar aus der Einheit der übergeordneten Form. Der Organismus ist darnach ein hierarchisch gegliedertes Ordnungssystem mit einer Zentralentelechie, das in den gegenseitigen Beziehungen der Teile durchdrungen ist von dem polaren Prinzip der Autonomie und der Abhängigkeit („hierarchischer Vitalismus"; s. hierzu auch GOLDSTEIN).

Von hier fällt auch Licht auf den (schon S. 52 angeführten) noch in den Anfängen der Entwicklung stehenden, aber für die Zukunft wohl vielversprechenden *Begriff des biologischen Feldes* (Reiz-, Organisations- und Determinationsfeldes); s. GURWITSCH, P. WEISS, BERTALANFFY, RUDY u. a. Dem Satz PLATOS von dem Primat der *geometrischen Betrachtung* folgend und im Anschluß an den Satz von DRIESCH: „Die prospektive Bedeutung eines Elementes ist Funktion seiner Lage im Ganzen", führt GURWITSCH die Begriffe der „Lebenslinie" und ihrer „Normierung" (als Beziehungen des Umfaßten zum Umfassenden) ein und findet die dem Organismus inhärente und jene Lebenslinie „aufgebende"

Invariante, zu dem der organismische Faktorenkomplex variable Beziehungen in Zeit und Raum aufweist, in dem Begriff des „Feldes" als „eines Raumbezirkes, in dem die in einem beliebigen Punkte herrschenden Zustände oder Wirkungen ausschließlich Funktionen der Koordinaten jenes Punktes und evtl. auch der Zeit sind". (Schon ein „Hormon" soll als „biochemisches Feld" betrachtet werden können.) Es wird also das geometrische Modell eines — in der Regel anisotropen und stufenförmig sich gliedernden — Feldes entworfen, welches bestimmte ponderomotorische Wirkung in bestimmten „konfigurierten Bahnen" ausübt („Kernteilungsfiguren" usw.), räumlich und funktionell Bevorzugungen von „Richtungen" setzt und so z. B. für bestimmte Formbildungen einer Art mittels aus „der Tiefe vordringender Impulse" (mitunter „Strahlungsimpulse" oder „Ausstrahlungsvektoren") wachstumsrichtend determinativ verantwortlich ist. Oder nach Gedankengängen von WEISS: Die „Instruktion", welche die Keimteile zu ihrem Schicksal bestimmt, wird unorganisiertem Material von bereits organisiertem so mitgeteilt, wie etwa Elektrizität einem ungeladenen von einem geladenen Körper. (Vgl. auch O. LODGE: Vergleich des Lebens mit dem magnetischen Richtfeld.) Ein näheres Eingehen auf das „Führungs-, Reiz- und Normierungsfeld" erübrigt sich; wesentlich ist, daß auch hier der Ganzheitsbegriff in seiner höchsten organismischen Form zur Durchführung gelangt.

Wie geringe Aussichten bestehen, teleokausal-ganzheitliche Zusammenhänge — also Organisation — wirklich voll einzusehen, mag ein *Vergleich stofflicher Reaktionsabläufe* insbesondere katalytischer Art im biologischen Gesamtgeschehen *mit einer Anzahl Spieluhren* veranschaulichen, deren jede etwa auf Einwurf einer bestimmten Münze eine kürzere Tonfolge von bestimmtem Rhythmus und bestimmter Klangfarbe zu spielen vermag. Es ist verhältnismäßig leicht zu begreifen, wie durch eine bestimmte Konstruktion (Struktur) der Mechanismus des einzelnen Spielwerkes ablaufen und seine Leistung vollbringen kann und daß durch richtiges „Zusammenspiel" der einzelnen Automaten bei richtiger „Auslösung" ein richtiges Musikstück klanglich entstehen kann; auch könnte sogar von einem geschickten Erfinder, einer Partitur als Grundlage folgend, ein höherer Mechanismus geschaffen sein, durch den der Einwurf der Münzen räumlich und zeitlich ein für allemal geregelt wäre, so daß jedes Einzelspielwerk von selbst zur rechten Zeit mit seiner Weise anfängt, zur rechten Zeit aufhört, wiederum einsetzt usw., um zu zeitlichen Zusammenklängen sowie zur ganzen „Symphonie" beizutragen.

Was würde man aber zu einem Zusammenspiel von tausend oder zehntausend oder Millionen derartiger automatischer Spielwerke sagen, das folgende Eigentümlichkeit zeigte: Es wird gar nicht nach einer festen Partitur gespielt, sondern das ganze Zusammenspiel und sein Resultat hängt in hohem Maße von der „Umwelt", d. h. von unzähligen fremden Orchestern mit ihrem Spiel ab; und dazu steht das „Automatenorchester" in dauernder Veränderung, indem einzelne Spielwerke dem Zusammenklang zuliebe sozusagen spontan neu entstehen oder auch verstummen und „vergehen" und dann teils ganz außer Spiel bleiben, oder sich für abermaliges Auftreten rüsten und, falls beschädigt oder abgenutzt, ausbessern und erneuern; dabei sind deutlich Unterschiede zu beobachten zwischen solchen, die im großen betrachtet „durchhalten", und anderen, die sich nur in bestimmten Stadien oder bei bestimmten — festlichen oder nichtfestlichen — Anlässen bilden und betätigen. Noch mehr aber: Zahlreiche von diesen Spielwerken — oder sämtliche — wandern nach bestimmten Regeln im dunklen Raume umher, und wenn dabei durch Mißgeschick unter fremdem Einfluß einzelne anstoßen, herabfallen und zerbrechen, so tauchen mitunter Neubildungen auf — wobei allerdings auch Fehlkonstruktionen und Mißklänge zu beobachten sind. Im allgemeinen aber erscheint das grandios improvisierte Zusammenspiel doch gut geregelt: Die Spielwerke nehmen — sogar in der Schattierung des Tones — Rücksicht aufeinander, stimmen auch wohl nach Ablauf bestimmter Zeiten gemeinsam eine Fuge mit teilweise neuen Themen an. Noch seltsamer: Im Schoß des Spieluhrorchesters oder beim Zusammenkonzertieren mit einem zweiten sehr ähnlichen Orchester entsteht manchmal ziemlich unvermittelt ein Miniaturorchester mit anfänglich sehr primitiven Weisen, das aber von selbst durch „Zuwahl" für vollen Zusammenklang noch fehlender Spielwerke zu einem „erwachsenen Orchester" wird usw. usw. Dabei vollzieht sich das Spiel des ersten Orchesters doch allmählich mangelhafter und stockender, bis schließlich ein oder zwei oder zehn Einzelspielwerke die Lust verlieren, den Dienst aufsagen und damit auch den anderen die Lust oder die Möglichkeit nehmen, weiterzuspielen, so daß das ganze Zusammenspiel — oft mit grellen Mißklängen — zum Abschluß kommt! Genug aber mit solchen Träumereien des Verstandes: Das Bild führt sich selber zur Absurdität, und wir werden gut tun, nicht auf einen „Universalmechanismus" obiger Art zu warten, sondern ein wohl ausgestattetes, wohl durchgebildetes, im allgemeinen willig folgendes und — immer wieder von neuem — mit korrekten Notenblättern versehenes, vor allem aber auch von einem selten versagenden Dirigenten geleitetes Orchester üblicher Art zu bestellen! —

Bei einer weiteren Durchführung teleokausaler Ganzheitsbezogenheit (bzw. auch des Feldbegriffes) in der Lehre vom Organismischen wird unzweifelhaft der *Begriff des Biokatalysators als eines elementaren Richtungsfaktors*, der zum Gelingen des Ganzen in staunenswerter Vielfältigkeit beizutragen hat, zunehmende Bedeutung erlangen. Dabei wird aber immer streng zu scheiden sein zwischen „*wahren und echten Katalysatoren*" im Sinne der von uns gemachten Ausführungen, und uneigentlichen und „unechten" in dem Sinne, daß *der Begriff des Katalysators als eines richtenden Faktors übertragungsweise und bildhaft auf höhere Erscheinungsgruppen angewendet wird.* Derartig modellhaft — wenigstens bis auf weiteres rein modellhaft — wäre der Ausdruck „Katalyse" beispielsweise in folgenden Sätzen und Analogien gefaßt: Der Zellkern katalysiert das Zellprotoplasma. — „Von der lebenden Substanz kann direkt eine katalytische Funktion ausgeübt werden" (SCHÄFER 1913). — Die vom Protoplasma ausgehende „Assimilation" oder Angleichung von Umweltstoffen ist eine Art „Autokatalyse" (der „Kontaktmetamorphose" vergleichbar nach BAVINK). „Das Chromosom ist ein Gebilde, das seinen eigenen Zuwachs katalysiert" (DEHLINGER, Naturwiss. **1935**, 558). — Die Struktur der Grundsubstanz (des Protoplasmas) katalysiert die Struktur des Gewebes. — Das Eiweiß übt katalytische Wirkung (statt: „dynamische Reizwirkung"; RUBNER) auf die arbeitende Zelle aus. — Das Chinin ist ein negativer Katalysator für Organfunktionen (statt: „verlangsamt nicht nur das Leben, sondern auch das Sterben"; H. MEYER und R. GOTTLIEB). — Bei bestimmten Amphibien „katalysiert" (statt „induziert") die benachbarte Augenblase durch Berührung die Bildung der Augenlinse. — Membranauflockernde und Wasserzufuhr steigernde Stoffe katalysieren die Zellteilung. — Ein vom animalen zum vegetativen Pol fortschreitender „Gradient" (CHILD) „katalysiert" im Seeigelei die weitere Entwicklung im Sinne einer Einschränkung der Äquipotentialität; Biokatalysatoren engen die Pluripotenz des Keimes ein (s. DRIESCH, BOVERI u. a.). Die Keimanlage ist ein „Autokatalysator" für die embryonale Entwicklung. Die Bildezellen (Basalzellen oder Wanderzellen) bewahren über das Embryonalstadium hinaus als „totipotente Zellen" die Bereitschaft für die „katalytische" Einleitung von Neubildungen (gemäß STOLTE). Die Chorda dorsalis ist ein „Katalysator" für die Mesenchymzellen, aus denen der Wirbelkörper entsteht. — Oder noch gleichnishafter: Das Biofeld erscheint als übergeordneter „Katalysator" für die „fortschreitende Determination durch Organisatoren steigender Ordnung" (SPEMANN). — Die Idee des Ganzen (Entelechie) „katalysiert" und normiert die Gestaltung der „Teile" im epigenetischen Ablauf (statt der „Suspendierungstheorie" DRIESCHS von 1904: Die Entelechie wirkt wie „Auslösung", indem sie andere Agenzien hemmt, „überwindet" und so „das Geschehen in andere Bahnen lenkt"). Das „organische Gedächtnis" der lebenden Zellen und Zellverbände (HERING) kann nach dem Modell der „Autokatalyse" angesehen werden (W. OSTWALD). (Vgl. auch S. 60 sowie S. 54, WUNDT und DRIESCH über den Organismus als einen „Katalysator großen Stiles".)

Beziehungen des Katalysators zu den Begriffen „Lebenskraft" und „Lebensstoff" (Protoplasma); Mechanismus und Vitalismus; Obergesetzlichkeit des Lebens.

Das Verhältnis des Katalysatorbegriffes zu „Zweck" und „Ganzheit", denen er zu dienen hat, verbreitet auch Licht über die Beziehungen des Katalysators zur „*Lebenskraft*", zu jenem Etwas, das schon in alten Zeiten der menschliche Geist sich geschaffen hatte, um in der Betrachtung des Organismus mit seinen zum großen Teil unbewußt, auf alle Fälle aber individuell ungewollt sich vollziehenden und doch planvoll erscheinenden Vorgängen einen festen Punkt zu haben. Wir wissen, daß diese „Lebenskraft", von der BERZELIUS vor hundert Jahren die katalytische Kraft „abzweigte", alle Stürme der Zeiten überdauert hat, niemals völlig beseitigt wurde und in geläuterter Form noch heute weiterlebt, wobei nur Unterschiede der Auffassung auf die Frage hinauslaufen, ob jenes Gestalt- und Funktionsganzheit schaffende Etwas dem Physischen unmittelbar zugehört oder ob es ein „dem Stoffe hinzugefügtes tätiges Prinzip" (LEIBNIZ), also ein ausgesprochen anderes, etwa psychisches oder „psychoides" Agens ist (Entelechie, Mneme nach SEMON, Psychoide nach BLEULER, Horme nach MONAKOW und wie man es sonst nennen mag). Diese zwei Denkmöglichkeiten treten uns deutlich schon in Äußerungen von LIEBIG und BERZELIUS entgegen, die ja auch sonst, nicht nur in bezug auf ihre Stellung zur Katalyse, vielfach als Gegensätze erscheinen. LIEBIG 1842 (Die organische Chemie in ihrer Anwendung auf Physiologie und Pathologie): Bei der Entwicklung von Samen und Ei „äußert sich die in Bewegung übergehende Kraft in einer Reihe von Formbildungen — —. Die Kraft heißt Lebenskraft". — „Nichts hindert uns, die Lebenskraft als eine besondere Eigenschaft zu betrachten, die gewissen Materien zukommt, und wahrnehmbar wird, wenn ihre Elementarteilchen zu einer gewissen Form zusammengetreten sind." (Ähnlich PFLÜGER 1877: „der gemeinen Materie immanente Qualitäten".) Dagegen BERZELIUS 1827 (Lehrbuch): „Dieses Etwas, welches wir die Lebenskraft nennen, liegt gänzlich außerhalb der unorganischen Elemente und ist nicht eine ihrer ursprünglichen Eigenschaften."

Nach OLDEKOP liegen allen echten Formen oder Ganzheiten in der Natur reale Wirkenseinheiten oder Entelechien zugrunde, die eine Stufenfolge bilden, in der die Entelechie jeder Stufe eine Anzahl Glieder der niederen Stufe in sich zur Einheit faßt und selber als Glied für die jeweils höhere Stufe dient, wobei die Eigenschaften und das Wirken der Entelechie jeder Stufe nicht mechanistisch erklärt werden kann aus Eigenschaften oder Wirkungen der Glieder: *die Form ist emergent und resultant zugleich.* Der tiefste Grundzug des Wesens der Formen besteht in dem unauflösbaren Dualismus oder der polaren Spannung zwischen dem Ganzheitlichen und dem Mechanistischen, oder zwischen der Einheitstendenz der übergeordneten Wirkenseinheit (Ganzheitsbezogenheit, Subordination) und der Selbstbehauptungstendenz der Glieder (Freiheit und Autonomie, auch für im Sinne des Ganzen Zweckwidriges, wie Krebsgeschwülste der „Zellentelechien" im Falle des „Versagens der koordinierenden Kraft der zentralen Entelechie"): „Archaeus maximus" und „Archaei insiti" des PARACELSUS (s. auch A. BIER).

An sich kann der „Lebenskraft" (s. auch Anm. [2]) auch in der fortgeschrittenen Wissenschaft ein Platz nicht verweigert werden, wenn sich zeigt, daß die Lebenserscheinungen aus derzeitiger Physik und Chemie nicht restlos ableitbar sind, und wenn man dann das Wort nur als „Summenbegriff" (ähnlich Schwerkraft, Magnetismus, Elektrizität usw.) für die Zusammenfassung in ihrem Wesen unbekannter Erscheinungsgruppen und „Ursachen" anwendet[65]. So verstanden erscheint das Wort „Lebenskraft" als *Begriffsganzheit für alle die ihrem Wesen nach an sich unbekannten „Ursachen"*, auf die diejenigen Erscheinungen zurückzuführen sind, durch die sich das Reich des Lebendigen von der unbelebten Natur abhebt; also insbesondere für Formbildungsvermögen, Assimilation, Dissimilation und Wachstum, Regeneration, Reorganisation und Restitution, Adaptation und Entwicklung. CLAUDE BERNARD: „Die chemischen Vorgänge bei Organisation und Nahrungsaufnahme verhalten sich so, als ob die chemischen Kräfte durch eine höhere treibende Kraft beherrscht würden." LOTZE: „Meist *wird* in uns gehandelt." Werden nun die verschiedenen Äußerungen der „Lebenskraft" auf einen Nenner gebracht, so resultiert die symbolische Bezeichnung des Veranlassens, Schaffens, Richtens, Lenkens, Steuerns und Auswählens zwischen verschiedenen Möglichkeiten des „Mechanismus", besser „Chemismus", und hier liegt der Punkt, der BERZELIUS überhaupt die Möglichkeit gegeben hat, die „katalytische Kraft" von der „Lebenskraft" loszulösen, indem er einen großen Teil dessen, was zuvor der Lebenskraft zugeschrieben worden war — d. h. so gut wie jede chemische Umsetzung im Körper — als eine Erscheinung „entlarvte" (nach dem Stand der damaligen Kenntnisse richtiger: „vermutete"), die bereits im Anorganischen zu finden ist, also kein *besonderes* Rätsel des Organismus birgt[66]. So ist es tatsächlich möglich, nach dem Vorgang von BERZELIUS aus dem Bereiche der (als Grenzbegriff notwendig unbestimmten) Lebenskraft mehr und mehr Teilerscheinungen abzuspalten und dem Begriff der Katalyse, d. h. der Biokatalyse unterzuordnen, wobei in unendlicher Ferne das Ziel einer kausalen Erklärung aller Stoff- und Formwechselerscheinungen des Lebens — jedoch nur ihrer Außenseite nach als physikalisch-chemische Prozesse — vorschwebt.

Zum *Begriff des Lebens* selbst dringt auch der Katalysator nicht vor; es bleibt irrational und unerkennbar wie andere Naturkonstanten, etwa das elektromagnetische Feld und das Wirkungsquant der Physik. (Das gilt auch für das menschliche Dasein, das aus dem Dunkel des uns Unbewußten auftaucht, in geradezu mystischem Zusammenhang mit unzähligen Vorgenerationen und mit dem Gesamtleben des Planeten seinen Körper aufbaut und dabei von den primitivsten Empfindungen mitunter bis zu bewundernswerten Höhen des Geistes und Willens aufsteigt, jedoch ohne einen dem Verstande einleuchtenden individuellen End- und Dauerzweck.) Dabei herrscht im Organismischen das Prinzip: Aus etwas wird mehr, oder: „Erhöhung sichtbarer Mannigfaltigkeit aus inneren Gründen" (DRIESCH), dem Satz von der „Zerstreung der Energie" scheinbar schroff entgegenstehend. Daß aber zur Verwirklichung solcher höherer Ordnungen „höhere Potenzen" nicht tätig wären: „woher sollten wir das wissen?" (Frei nach KANT.)

Feststeht, daß, derzeit und wohl überhaupt, Biologie nicht restlos auf „Physik und Chemie" mit deren „Konstanten und Spielregeln" zurückzuführen ist (wie ja andererseits schon unsere heutige Chemie nicht auf die GALILEI-NEWTONsche Mechanik gegründet werden konnte); die außerordentlich verwickelten und verknäuelten Ordnungs- und Ganzheitsbeziehungen, die schon der „einfachste" Organismus und die Einzelzelle aufweist, spotten jeder Ableitung von wohldefinierten Eigenschaften des „Stoffes". Wieweit es aber in Zukunft möglich sein wird, von dynamischenergetischer Seite her bessere Aufschlüsse zu erhalten („Feldbetrachtung"; „Strahlungen" usw.), und ob nicht auch dann immer (nach SPEK u. a.) ein „unerklärlicher vitaler Rest" (nämlich die ganzheitliche Funktionsordnung) bleiben wird, braucht uns heute nicht zu sorgen. (Vgl. auch die „Agenstheorie" der Materie als eines raumzeitlichen Substrates und Wirkungsfeldes für überraumzeitliche Aktivitätszentren, schließlich für die „Potenz des Lebens", die als „Geist der Unruhe" wirkt und Korrelationen schafft: WEYL.)

Vorerst also, d. h. solange es unmöglich erscheint, auch nur einen einzigen biologischen Prozeß, geschweige dessen ganzheitliche Beziehungen zu den übrigen im gleichen Organismus, aus Grundbegriffen der Physik und Chemie als naturnotwendig, d. h. als nicht anders sein könnend, zwingend abzuleiten, wird es wohl für den menschlichen Intellekt unausweichlich sein, besondere „vitale Richt- und Ganzheitskräfte" — entsprechend einer auf höhere Ebene gehobenen Katalysatorwirkung — zu fordern, die

Begriff des Lebens.

ein bestimmt dauerndes Zusammenwirken im kolloidchemischen und bioelektrischen Geschehen jedes Einzelorganismus nach einem bestimmten überlieferten „Plane" verursachen und verbürgen.

Versucht man dennoch aus Gedankengängen des Chemikers und Physikers eine *Definition des Lebens* (von außen her), in welcher auch der Katalyse ihr Platz angewiesen ist, so könnte diese lauten: Irdisches Leben ist diejenige unergründliche Erfindung der Natur, wonach unendlich zahlreiche materiell-dynamische, form- und zeitdauerbegrenzte und innerlich mehr oder weniger gegliederte stationäre und dabei dauernd in Teilwandlungen begriffene Gebilde polarer und dazu unwahrscheinlichster Art bestehen, zusammengesetzt aus einer wohlgeordnet erscheinenden Vielheit wässerig-kolloider bis gemischt-faseriger und krystallinischer (gelöster oder ungelöster) Teile, die wieder aus den verschiedensten chemischen Verbindungen, insbesondere Stickstoff (und Phosphor) enthaltenden organischen Verbindungen ganzheitlich aufgebaut sind; begabt mit der Fähigkeit mannigfaltiger auswählender Assimilation, Akkumulation und Transformation herangeführter Materie und Energie durch die körpereigene Masse in oft mit Massenzunahme (in den Teilen und im Ganzen) verbundenen Stoffwechselvorgängen, wobei in der Regel mehr oder minder feste, dünnere oder dickere, vielfach halbdurchlässige Wände als Teilabgrenzungen dienen, und mit der Fähigkeit einer Erzeugung neuer gleichartiger Gebilde; für diese Ziele mit weitgehender räumlicher Verteilung und wiederum mit ganzheitlich zusammengefaßter Steuerung aller chemischen Vorgänge durch Katalysatoren und sonstwie, und mit hieraus folgenden rhythmischen und arhythmischen Teil- und Gesamtbewegungen ausgestattet, und die Gesamtwirkung einer Verlangsamung und Richtunggebung der Zerstreuung und Entwertung (Dissipation) der Sonnenenergie aufweisend, dies teils infolge relativ hoher Beständigkeit der erzeugten und Energie speichernden chemischen Verbindungen, aus denen die Gebilde „bestehen", teils durch die Einschaltung hochwertiger Kreisprozesse und gekoppelter Reaktionen in den gesamten Stoffwechsel; und mit der weiteren Gesamtfolge, daß auch Oberfläche und Rinde der Erde durch die stofflichen und energetischen Auswirkungen dieser Gebilde direkt und indirekt von Anbeginn Veränderungen erfahren haben[67].

Dabei erscheint noch bemerkenswert: Ähnlich wie im Anorganischen eine Störung des „Gleichgewichtes" Vorgänge hervorruft, die der Störung entgegenwirken — d. h. einem neuen Gleichgewicht zustreben —, so führt, wenngleich auf verwickelteren Wegen, eine beliebige Störung des stationären Zustandes von Lebewesen durch *Reizung* in der Regel zu Vorgängen, die der Wiederherstellung jenes stationären Zustandes oder der Gewinnung eines neuen, gleichfalls der Lebenserhaltung dienenden Zustandes gelten, jedoch mit dem *wesentlichen Unterschiede*, daß im Reich des Lebendigen im Einzelfall nie volle Sicherheit gegeben ist, daß eine stärkere Reizung nicht das komplex-labile Funktionssystem „umwirft", plötzlich oder allmählich, teilweise oder völlig („Katastrophen-Reaktionen").

Mit der Antwort auf die Frage, wie sich der Katalysator zur Lebenskraft stellt, ist auch die Beziehung des Katalysators zu der ungleich fragwürdigeren *Fiktion eines „Lebensstoffes"* gegeben. Wir sehen hier von älteren lebensstofflichen Vorstellungen (K. C. SCHNEIDER, JOHANNES MÜLLER u. a.) ebenso ab wie von überlebten materialistischen Annahmen, wonach schließlich sogar die „vom Gehirn produzierten Gedanken" auf Bewegungen stofflicher Atome zurückzuführen und gewissermaßen nur „Begleitumstände" solcher Bewegungen sein sollen; und auch die Energetik W. OSTWALDS in ihrer biologischen Auswertung liegt historisch abgeschlossen vor[68]. Die Notwendigkeit wissenschaftlicher Auseinandersetzung beginnt erst gegenüber dem *„Protoplasma"* der Zelle, jener seltsamen Substanzganzheit, begabt mit den Fähigkeiten der Reizbarkeit und Reizverwertung, Sensibilität und Kontraktibilität und des „organischen Gedächtnisses", die der Erforschung durch den Chemiker und Physiker, wie es scheint, unübersteigbare Hindernisse in den Weg stellt, indem sie dem Versuch eines „Sondierens" nicht standhält und dem Experimentator nur Eiweiß- und sonstige Trümmer in die Hand gibt, die aber tatsächlich die unentbehrliche Grundlage organischen Lebens auf der Erde bildet und dabei, weil letzten Endes auf die Strahlungsenergie der Sonne angewiesen, „überirdischen" Ursprungs ist[69].

„Der Organismus ist ein Gefäß voll wässeriger Lösung, in dem sich als disperse Phase verschiedenartige Kolloide befinden. Die Kolloide sind das Stabile, die Krystalloide das Mobile, die überall hingelangen, Heil oder Unheil anstiftend." „Welches auch immer die stoffliche Zusammensetzung der Lebewesen sein mag, es müssen Kolloide sein!" (BECHHOLD). „Kein Leben ohne die Besonderheiten des kolloiden Zustandes". Das Protoplasma erscheint als ein hypothetischer Körper, aus Hydrosolen bestehend, mit einem resolublen und irresolublen Teil, bald Gallerte, bald Sol, eine Emulsion von Proteinen und Lipoiden; die Zelle entsprechend als ein „Gemenge gel- und solartiger Massen mit echtgelöster Substanz in einem gemeinschaftlichen Medium, wobei die kolloide Sonderart dem Ganzen sowie den Teilen das charakteristische Gepräge gibt" (SCHADE). „Das Protoplasma — kolloidchemisch ein unendlich verwickeltes Polydispersoid — erscheint als ein höchst heterogenes, vielphasiges System, worin die disperse Phase durch verschiedenartigste Partikel der verschiedensten Größenordnungen, Aggregatzustände, physikalischen Beschaffenheit, chemischen Natur und physiologischen Aktivität repräsentiert wird, die untereinander von Fall zu Fall differieren" (BERTALANFFY). Oder: „Das Protoplasma ist ein Träger und Bildner inhomogener Kraftfelder, in welchem chemische, osmotische, thermische, elektrische Gefälle, Zug- und Druckspannungen, dazu Kraftfelder, deren Träger der Gesamtorganismus ist, in heute unentwirrbarer Weise kombiniert sind" (GICKLHORN).

Katalysator und „Lebensstoff"; das Protoplasma.

Was über die „*Zusammensetzung*" und „*Arbeitsweise*" des *Protoplasmas* bekanntgeworden ist, erscheint, gemessen an seiner „totipotentiellen" Betätigungsmöglichkeit, noch recht dürftig, so wenig ein Zweifel besteht, daß die „Gesetze" der Chemie auch *hier gelten* und chemische, speziell kolloidchemische Umsetzungen und strukturelle und aggregative Änderungen und Bewegungen nebst angeschlossenen „elektrischen" Vorgängen die Erscheinungsform des Lebens darstellen. HEISENBERG: Alle Bereiche des geistigen Lebens von den Prinzipien der Physik verstehen zu wollen, ist wohl um nichts mehr gerechtfertigt als die Hoffnung des Wanderers, der alle Rätsel lösen zu können glaubt, wenn er bis ans Ende der Welt reist. BERTALANFFY: Lebenseinheit und Lebensträger ist eben nicht die Zelle, auch nicht eine mikroskopische oder metamikroskopische Struktur, nicht eine chemische Verbindung oder ein Verbindungskomplex, „sondern die Einheit und der Träger des Lebens ist einzig und allein der Organismus". Es gibt demnach weder einen bestimmten Lebensstoff noch eine eigentliche *Lebensstruktur*, etwa im Zellkern oder in den Chromosomen; erst im ganzheitlichen Zusammenwirken entsteht und besteht das lebende System, seine scheinbar stabile Mikrostruktur aber wird zu einem stationären Ablauf (GURWITSCH), mit einem Verschwimmen von „Struktur" und „Funktion".

Andererseits bleibt die Tatsache der *Stoffgebundenheit irdischen Lebens* bestehen: als „Tau auf dem Teller" (O. LODGE). „Alles Geschehen im Biologischen stellt sich im einzelnen dar als Änderung des chemischen oder aggregativen Charakters von Stoffen" (DRIESCH). Dabei ist für den Ablauf der Lebensprozesse von größter Bedeutung das den *Kolloidzustand* auszeichnende „Nebeneinander von weitgehender Reversibilität und minimaler Irreversibilität"; die Irreversibilität ist die Grundlage des „organischen Gedächtnisses", die Reversibilität aber dient der Wiederherstellung der Normallage der Zellprozesse und damit der Erhaltung des Lebens überhaupt (SCHADE).

<small>Ganz allgemein gilt, daß die *Anwendung der Kolloidchemie auf biologische Fragen* schon außerordentlich wichtige Aufschlüsse gegeben hat und weiter zu geben verspricht; es sei nur an die Ergebnisse über Membran- und Faserbildung, an die „Membrangleichgewichte der Zelle" und an das „Altern von Geweben" erinnert, das aus der „Lebenskurve von Kolloiden", d. h. aus der metastabilen Beschaffenheit wasserhaltiger Kolloide mit ihrer Tendenz zur Wasserabgabe dem Verständnis nähergebracht wird. (Siehe</small>

BECHHOLD, a. a. O. S. 238: Der Organismus als kolloides System; ferner W. PAULI: Beziehungen der Proteine zu Kolloiden und Elektrolyten, Naturwiss. **1932**, 28, und „Kolloidchemie der Eiweißkörper", 1933, sowie Wo. OSTWALD mit seiner Unterscheidung verschiedener Metastrukturen oder stereometrischer Zustandsformen der Materie zwischen Molekelgröße und Lichtwellenlänge: Grenzschichtenzustand, Film- und Fadenzustand und Zerteilungszustand oder Dispersität, sämtlich mit neuartigen „ganzheitlichen" Erscheinungen.) H. FREUNDLICH weist besonders auf die große Bedeutung der permutoiden Reaktionen und der Grenzflächenvorgänge im hochdispersen System hin, mit Ionenadsorption, Capillarität, elektrokinetischen Erscheinungen, wie Strömungspotentiale, Elektroosmose und Kataphorese und mit lockeren „Adsorptionsverbindungen", die für die „Selbstregulierung" besonders wichtig erscheinen[70]. Daß dabei während der ganzen Lebensdauer — trotz der Beteiligung beschleunigender Katalysatoren — nie ein wirkliches chemisches Gleichgewicht erreicht wird, „ist eine der wichtigsten Bedingungen für das Leben" (LIESEGANG), und die andauernde Heranziehung und Verarbeitung energiereicher chemischer Verbindungen (zur Assimilation und Dissimilation) entspringt einer biologischen „Gleichgewichtsscheu", die aus dem Selbsterhaltungstriebe folgt.

In zweifacher Hinsicht ist der „Stoff" für das Lebensgeschehen unentbehrlich in dessen „Auseinandersetzung mit der Welt":

a) als Substrat der chemischen und kolloidchemischen Umsetzungen;

b) als Lieferant der großen Mannigfaltigkeit stofflich lenkender und bestimmender Faktoren, d. i. Biokatalysatoren.

Indem also in Morphologie, Embryologie, Cytologie und Histologie mehr und mehr *stoffliche Faktoren* (in der Regel wohl Stoffaggregate) als wesentliche *Vermittler und Regler* der verschiedenen Funktionen, Prozesse und Korrelationen erkannt werden (man denke nochmals an Enzyme, Hormone, Vitamine, Organisatoren und Erbstoffe), so ist damit gegeben, daß der Weiterentwicklung der Theorie von den gewebe- und organbildenden stofflichen Faktoren und infolgedessen auch dem *Begriff des Biokatalysators* mit dem Versuch einer Herausholung katalytischer Teilakte als wesentlicher Bestandteile des Aufbau- und Erhaltungs-Stoffwechsels ein günstiges Horoskop gestellt werden kann. Dabei besteht das große Wunder, daß diese „Richtungsfaktoren" oder „Drangfaktoren" aus dem Substrat selbst heraus nach Bedarf erzeugt und nach Bedarf eingesetzt werden.

Wenn mithin als natürliche Reaktion auf einen platten Materialismus vergangener Tage (BÜCHNER, MOLESCHOTT u. a.) sich mitunter eine gewisse „Mißachtung des Stoffes" eingestellt hat, die hier und da noch heute existiert, so kann zu ihrer Entkräftung nicht nur auf die hohen Geheimnisse des „Aufbaus" der Atome aus rätselhaften Ur-Quanten einer „energetischen Substanz" und auf den Überreichtum speziell der organischen Chemie hingewiesen werden; auch im biologischen Geschehen begegnen uns *stoffliche Wunder* in genügender Mannigfaltigkeit, so in der seltsamen Wirkung allerkleinster Stoffmengen, z. B. der mehr oder minder anhaltenden Wirkung verschiedenster Schutzstoffe im Blut bei dem ständigen Geplänkel einer „stummen" Abwehr alltäglich drohender Schädigungen wie gegenüber zeitweilig auftretenden lebenbedrohenden stärkeren feindlichen Mächten (MUCH, FR. M. LEHMANN), oder in der geheimnisvollen, im Grunde auch immunitätsartigen Stärkung individueller Widerstandsfähigkeit durch bestimmte Stoffe bei der Befruchtung (statt einfacher Zellteilung, die solche Dauer-Widerstandsfähigkeit nicht durchweg verbürgt), oder in der ebenfalls zauberhaft anmutenden spezifischen Reizwirkung vom Organismus ausgeklügelter Substanzen wie des Autodermins des Seeigels, das die Aufgabe hat, die Nervenendungen der Greifzangen den eigenen Hautstoffen gegenüber zu lähmen. Und als stoffliche Wunder werden weiter die verschiedensten Auswirkungen der Katalyse erscheinen, zumal wenn diese etwa als *Zuwachskatalyse* darüber wacht, daß diejenigen Stoffe eines Organismus, die vererbungsmäßig zum wesentlichen Besitztum gehören, während des ganzen Bestehens trotz „Stoffwechsel" doch erhalten bleiben; jeder Ersatz durch andere, wenn auch chemisch ähnliche Stoffe in Muskel, Knochen, Eingeweide, Nerven usw. könnte zu physiologischer Entstellung, ja zu Funktionsunfähigkeit führen. („Der Stoff ist nicht schlechter und niedriger als der Geist": MAETERLINCK.)

Nur ein kurzes Wort ist in diesem Zusammenhang den Schlagworten *Mechanismus und Vitalismus* zu widmen[71]. Der Fernerstehende vermag schon heute dem „Gegensatz" dieser als naturphilosophischer „*Richtungen*" (oder als „Ausdruck ungeduldiger Erwartung über die Zukunft der Wissenschaft" nach BAVINK) gedachten Strömungen, vor allem dem extremen „Mechanismus", kein rechtes Verständnis mehr entgegenzubringen, da schon rein logisch es ein Unding ist, erst ein von wesentlichen Merkmalen des Lebens absehendes Bild zu schaffen und dann zu behaupten, dieses Bild sei die Wirklichkeit. Deutlicher gesagt: Zuerst gibt man sich große Mühe, in der Forschung von der Tatsache des Lebens selbst zu abstrahieren, um leichter überschaubare und kausal-erfaßbare Verhältnisse für das Studium zu haben, und schließlich, nachdem man den bildhaften Ursprung der Bezeichnung „Maschine" und „Mechanismus" vergessen hat, wendet man die gleiche oder noch mehr Mühe auf: auf der einen Seite, das hinauskomplimentierte Leben als täuschenden Schein oder „Randverzierung" nachzuweisen, auf der anderen aber, ontologisch oder experimentell-empirisch zu beweisen, daß das Leben trotz Physik und Chemie doch noch da ist. So kann denn auch die *Eigengesetzlichkeit des Lebens* (oder besser wohl die Vor- oder *Obergesetzlichkeit* des Lebens gegenüber dem einfacheren „anorganischen" Geschehen) ernsthaft nicht mehr bestritten werden; man müßte denn eine Physik zu Hilfe nehmen, an die heute kein Physiker ernsthaft mehr glaubt. Ist ja doch durch die neue Physik die Materie selber „fast aller ihrer Materialität im gewöhnlichen bisherigen Sinne entkleidet" worden! (A. WENZL)[72].

Wenn namhafteste Physiker, nachdem sich die Materie selber und der Mechanismus selber in ihren Händen in einen *Dynamismus* verwandelt hat, dem Reich der Lebewelt eine Besonderheit zugestehen, wer wird dann noch zögern, ihnen zu folgen? Als ob es in der Welt so etwas wie Physik und Chemie und Mechanik überhaupt gäbe und nicht nur belebte und unbelebte veränderliche Ganzheiten! „Mechanismus" und „Vitalismus" aber haben dann nur noch Wert und Berechtigung als verschiedene Forschungs- und Denkmethoden, entsprechend Kausalität und Finalität. Nach OLDEKOP sind Vitalismus und Mechanismus (beide in kritisch geläuterter Form: ganzheitlich-hierarchischer Vitalismus und analytisch-synthetischer Mechanismus) zwei sich ergänzende Aspekte der gleichen Sache, nämlich des seinem Wesen nach einheitlichen, aber für uns unfaßbaren Lebensgeschehens, in welchem weder die Ganzheit aus den Teilen noch die Teile aus dem Ganzen restlos ableitbar sind (ähnlich dem unüberwindlichen Dualismus von corpuscular- und wellentheoretischen Betrachtungsweisen in der Physik als notwendiger „Werkzeuge zur Veranschaulichung der unanschaulichen Wirklichkeit"). Die Grenzen einseitig mechanistischer Denkmethode zeigen sich schon im anorganischen Dasein und zwar im Versagen des zeiträumlichen Determinismus, z. B. bei Behandlung der Elektronenvorgänge und des „Atomkernes", deren Wahrscheinlichkeitszusammenhänge auf „Übermechanistisches" hinweisen, das dann im organischen Leben besonders dringliches Postulat der Vernunft wird. — „Der Gegensatz von Mechanismus und Vitalismus hört dann auf, ein quälendes Problem zu sein" (BERTALANFFY). „Vitalismus und Mechanismus bemühen sich beide um das Ganze" (UNGERER[73]).

Und wenn heute manchmal gesagt wird, der (neue) „Vitalismus setze das Problem an die falsche Stelle, nämlich an die Grenze von Anorganischem und Organischem, während es sich in Wirklichkeit um den Gegensatz von rational Einsehbarem (Ursächlichkeit) und dem auf alles Natur-Sein und Geschehen verteilten Irrationalen (dem „Ganzheitlichen") handle, so bleibt doch bestehen, daß die Lebewesen Erscheinungen der Nichtlebewesen mit einschließen, das Umgekehrte aber undenkbar ist[74]. Während man also einst die Gewogenheit hatte, zuzugestehen: „Die Physik ist nicht allein auf der Welt, die Biologie ist auch noch da und gehört mit zum Weltbild" (MACH), so erscheint der heutigen Wissenschaft *die biologische Wirklichkeit umfassender und reicher als die physikalisch-chemische* und stellt einen Oberbau auf jener dar, der von den physikalisch-chemischen Grundtatsachen zwar getragen wird, aber ihre eigenen allgemeinen Tatsachen („Gesetze") hinzubringt. Schon 1907 hatte HALDANE erklärt, daß, wenn eine der beiden Wissenschaften Biologie und Physik dereinst von der anderen aufgesogen wird, diese gewiß nicht die Biologie sein werde. Ähnlich H. FRIEDMANN: Die Biologie ist nicht zum Sonderkapitel der Physik, sondern umgekehrt diese zum Grenzfall jener zu machen. Oder OLDEKOP: Wir mögen den Elektronen noch so komplizierte neue Kräfte und Gesetzmäßigkeiten zuschreiben (etwa Drehkräfte beliebiger Art usw.), so bleibt es doch unerfindlich, was das mit dem zielstrebigen Aufbau des menschlichen Organismus oder mit seinen sinnvollen Handlungen zu tun haben kann. — Höhere Wirkungseinheiten sind ebensowenig restlos auf chemische Wirkungseinheiten zurückführbar, wie jene auf Wirkungseinheiten der Atome oder Elektronen als „Ur-Teilchen". RIEZLER: Die absolute Wirklichkeit ist breiter und reicher als die physikalische, und die mathemathische Symbolik der Physik ist keineswegs die absolute Wirklichkeit. In der Welt des lebendigen Geistes gibt es Formungen und Ordnungen, denen mit dem Ordnungsgefüge der Physik nicht beizukommen ist. Es kann so manches mit physikalischer Gesetzmäßigkeit zusammen bestehen, was sich doch nicht davon herleiten läßt. Ich müßte mich wundern, wenn die volle Wirklichkeit die Gnade hätte, sich dem physikalischen Ordnungsgerüst völlig zu fügen. ADOLF MEYER: Die physikalische Wirklichkeit ist durch Vereinfachung der organismischen Wirklichkeit ableitbar, das Umgekehrte ist sinnlos. Die organismische Welt ist die wirklichkeitsvollere. MEYERHOF: Eine zureichende physikalisch-chemische Erklärung für die Bildung von Organismen ist unmöglich. Das physikalische Weltbild, das vom Bewußtsein absieht, kann nicht das physiologische in sich aufnehmen, sondern umgekehrt. RANKE: Das Wesen des Lebens ist mit Mathematik und Physik nicht faßbar.

Wenn DRIESCH sagt, daß „die Psychologie dauernd mit der Sprache im Streit liegt", so gilt dies sicher auch für die Biologie, und zwar infolge der „Struktur" unserer Sprache, die in ihren Wurzeln aus dem Funktionskreis menschlichen Handelns stammt, primär der Verständigung in bezug auf gemeinsame Tätigkeit dienend (s. MAX MÜLLER u. a.), und deren *Worte ihren mechanistischen Ursinn bis heute bewahrt haben,* so daß sie letzten Endes zeiträumliche Gebilde und die im Handeln verursachten Veränderungen solcher zum Ausdruck bringen. Demgemäß kann der Biolog selbst dann, wenn er nichtmechanistisch, also dynamisch und teleologisch denken und sprechen will, gar nicht aus anschaulichen „mechanischen" Bildern heraus, wie die Ausdrücke Ziel und Zweck, Zusammenhang, Beziehung, Ganzheit, Gliederung, Verflechtung und Durchdringung, Gewebe- und Netzzusammenhänge, Verfilzung und Verknäuelung, auch Kraft (von „greifen"?), Ver- und Entwicklung, Ordnung, Anpassung usw. deutlich zeigen, und schließlich bedarf es besonderer „Umschreibungen" und „Übereinkünfte" (wieder mechanistische Bilder!), um einen Gefühlston zu erzeugen, der den nichtmechanistischen „Sinn" des Gesagten auch dem Mitmenschen nahebringt. So erscheint es geradezu als ein Verhängnis, daß der Biolog sogar bis in die Lehre der „*Eigen- oder Obergesetzlichkeit*" *des Lebens* hinein (es wird etwas „gesetzt") im Grunde mit mechanistischen Bildern arbeiten muß.

Bei Fremdworten mit abgeblaßter Urbedeutung scheinen die Verhältnisse günstiger zu liegen; doch ist hier nicht viel gebessert, denn: „bei Fremdworten hört man nicht so genau" (JEAN PAUL), und die Gefahr einer unzulässigen Verdinglichung und Anthropomorphisierung abgezogener Bildbegriffe wird im Grunde noch größer[75].

Zur Vermeidung von Irrungen und Wirrungen werden darum der Biologie (gleichwie der Psychologie) genaue Umschreibungen ihrer Begriffe ganz besonders vonnöten sein, und es sollte von ihr die Möglichkeit einer umfassenderen Anwendung eines klar definierten Begriffes wie z. B. der „Katalyse" nur willkommen geheißen werden. Von derartigen, der Beobachtung und Messung zugänglichen Hilfsbegriffen aufsteigend, wird man schließlich beim *Fundamentalgesetz des Lebendigen* anlangen, das von DRIESCH (1935) in dem Begriff des Daseins harmonisch- und komplexäquipotentieller Systeme als „Grundwesen des Organischen" und ihrer mechanistischen Unauflösbarkeit zusammengefaßt wird. Oder nach RANKE: Unbewußtes oder bewußtes Wählen mit dem Erfolg einer Abgestimmtheit oder Abgewogenheit der Zwecke im lebendigen Ganzen.

6. Psychophysische und metaphysische Ausblicke; der Biokatalysator als Modell und als Instrument „höherer Potenzen".

Der Katalysatorbegriff hat sich bis weit in das Gebiet des Lebendigen hinein verfolgen lassen, bis in Körpervorgänge, die schon unter dem heuristischen Gesichtspunkte des *psychophysischen* (d. h. psychodynamischen, nicht psychomechanischen!) *Parallelismus* betrachtet werden können, wie Trieb- und Instinkthandlungen[76]. Dabei müssen wir uns aber bewußt bleiben, *daß zu dem Begriff des Lebens selbst und in das Reich der lebenden Psyche auch der Biokatalysator keine Brücke schlagen kann.* Wenn also einst STOHMANN (1895) die Meinung aussprach, es werde schließlich „wohl nur noch ein Schritt zu tun sein, um auch die Entstehung aller organischen Substanz auf Katalyse zurückzuführen", so war das schon eine sehr hochgespannte Erwartung, die bis heute unerfüllt geblieben ist; wie sollte man aber hoffen dürfen, daß die Tatsache des Lebens selber von hier je verständlich werden könne, so wenig „auch der bedächtigste Forscher die *Versuche* tadelt, in die Mysterien des Lebens einzudringen (SCHÖNBEIN 1853)"[77]! Die Beziehungen, die demnach der Katalysator zum zwecksetzenden *Wollen* (der „inneren Seite" einer Kraftäußerung) aufweist, sind nur symbolischer und analogischer Art, und es ist von bloßem Modellwert, wenn man in diesem Sinne Triebimpulse und Willensmotive etwa als „psychische Katalysatoren" bezeichnen wollte, da sie mit dem Katalysator das Merkmal des Veranlassens, Lenkens und Steuerns gemein haben[78]. „Das bewußte Ich determiniert durch Vorstellungen (Bilder) die Zentral-Entelechie des Körpers" (OLDEKOP).

Mit unseren letzten Betrachtungen sind wir in das Grenzgebiet der Wissenschaft gelangt, wo die *Philosophie* als eine höhere Seins- und Lebenslehre anhebt, indem sie unter Überwindung des „psychophysischen Parallelismus" ein *einheitliches Weltbild* zu schaffen sich bemüht. Es unterliegt keinem Zweifel, daß die Naturphilosophie der Zukunft an dem *Begriff des Katalysators als einer veranlassenden und richtenden Ursache* nicht vorübergehen wird (s. schon OSTWALD und WUNDT 1914).

Unter diesem Gesichtspunkt ist ein seltsamer psychologischer Versuch W. OSTWALDS von 1894 zu werten, der den Titel führt: *Chemische Theorie der Willensfreiheit* (Verh. Sächs. Ges. Wiss. **46**). In dieser Studie benutzt OSTWALD seinen Begriff der Katalyse als einer *Beschleunigung* chemischer Reaktionen und spricht die Vermutung aus, daß der Mensch über die Fähigkeit verfüge, katalytische Wirkungen in dem stofflichen Geschehen, das mit den geistigen Vorgängen verbunden ist, zu beschleunigen und zu verlangsamen, wobei derjenige beschleunigte Vorgang die Oberhand gewinne und zu einem Willensentschluß und schließlich gegebenenfalls zu einer Willenshandlung führe, der „dem am intensivsten verlaufenden psychophysischen Vorgange entspricht". Was hier W. OSTWALD sagt, erscheint heute sehr unzulänglich, kann aber dennoch den Biologen anregen, nachzusehen, wie weit der Begriff der Katalyse überhaupt bis in das Gebiet des Psychophysischen hinein verfolgt werden kann, wobei man freilich unmittelbar immer nur die *physische* Seite des betreffenden Vorganges treffen wird.

Vor allem erscheint es bedeutungsvoll, daß uns aus dem Begriff des „Katalysators" die Erkenntnis zufloß, daß *ein ursächliches Veranlassen und Richten chemischer Vorgänge keines energetischen Arbeitsaufwandes als „Äquivalent" bedarf, so daß im Katalysator — und also auch im Biokatalysator — ein maßgebender Geschehensfaktor energetisch-indifferenter Art vorliegt* (mit der „Variante" des „Induktors", der sogar noch Arbeit aus einem chemischen System herausholen kann und von diesem Gewinn in der Erzwingung solcher Reaktionen nützlichen Gebrauch macht, die *freiwillig* nicht stattfinden können). Wenn dies nun schon für eine „Potenz" so niederer Art gilt, als welche der Katalysator bei allen seinen Verdiensten anzusehen ist, so wird es wohl nicht allzu gewagt sein, metaphysisch anzunehmen, daß auch höhere verursachende und lenkende (oder „Stichwort gebende") Potenzen irgendwelcher Art — sofern und soweit solche existieren — vor den „Energiegesetzen" keine Scheu zu haben brauchen (und die Gesetze nicht vor ihnen).

Läßt ja sogar der starre Satz von der Zunahme der Entropie oder der Zerstreuung der Energie in einer Ausgleichung energetischer Intensitätsfaktoren, der mit seiner hoffnungslosen Gleichschaltungstendenz und „lebensfeindlichen Zielsetzung" ganz zweifellos etwas das Gemüt Bedrückendes hat, noch die Möglichkeit offen, daß dank der grundlegenden *„Naturerfindung" eines unstarren und darum für eine „schöpferische Urkraft" als tauglichstes Instrument erscheinenden Weltchemismus* (s. auch S. 57) durch eine Hintertür (die die „Entropie" zu schließen vergessen hat) sich stoffgebundenes Leben einschmuggeln kann. Oder mit anderen Worten: Indem die Natur den „Stoff" so schuf, daß auf der Erde durch den Urimpuls der Sonnenenergie und in verschlungenen Spielregeln unübersehbare Stoffgebilde mit einer temporären Widerstandskraft gegen feindliche Einflüsse — also mit gewisser „Reaktionsträgheit" der an sich „labilen" oder „metastabilen" Verbindungen und Aggregate — entstehen konnten, hat sie dafür Sorge getragen, daß *für ihre noch höhere Erfindung des Lebens die Bahn frei ist.*

Dabei aber sind die „Spielregeln" des Stoffes allgemein so beschaffen, daß die gleiche Materie, die das Substrat der Erscheinungen bildet, auch elementare Beschleunigungs- und Richtungsfaktoren enthält — ja schafft —, ohne die ein anorganisches Dasein und Geschehen in dürftigster Form wohl noch möglich erscheint, ein organisches Leben aber ganz ausgeschlossen wäre. Nur ein bescheidener Teil der chemischen Vorgänge in der Natur verläuft spontan hemmungslos, plötzlich und eindeutig: Ionenreaktionen in wässeriger Lösung, zumal wenn sie zur Ausfällung einer festen Phase führen; überall sonst aber (sehr ausgesprochen bei den Kolloidsubstanzen der Gewebe) bestehen Reaktionshemmungen und ist demgemäß Platz für das Eingreifen beschleunigender, bestimmender und regelnder Faktoren, die aus dem Stoff selbst hervorgehen. Bedingung für eine solche richtende Art der Wirksamkeit stofflicher Potenzen ohne energetische Gesamtarbeit ist lediglich, daß der zu veranlassende Vorgang thermodynamisch möglich bzw. mit einem derart energieliefernden Vorgang gekoppelt ist; dann wird auf dem Wege eines oszillierenden „Eingeschaltetwerdens" und „Sichwiederausschaltens" ein „von

der Seite her kommender" stofflicher Faktor freies Spiel haben — sofern er auf den jeweiligen Vorgang abgestimmt ist. *Kein irdisches Leben ohne Katalyse niederer und höherer Art!*
Wo und in welcher Weise nun aber im Aufbau und in der Erhaltung des Organismus *höhere Potenzen oder Entelechien zusammenfassend dirigierender Art von der Vernunft zu postulieren* sind, das soll einer „Metabiologie" zur Erörterung überlassen bleiben. Das staunenswerte, zeiträumliche Ineinandergreifen und Zusammenwirken unzähliger chemischer, kolloidchemischer, elektrochemischer und physikalischer, insbesondere auch bioelektrischer Prozesse mit ganzheitlichem Effekt, das im Anorganischen kein Vorbild hat, führt immer wieder zu der Forderung, daß aus einem allgemeinen „Lebensfeld" richtende Faktoren dynamischer Art als „Dauerimpulse" oder „Gradienten" (CHILD) in das Individuum übergehen, die, „so gewiß sie selber nicht Energie sind", doch Materie und Energie lenken können und „zielen vor dem Schießen" (O. LODGE). Wenn jedoch schon von den Wirkungsquanten — also einer recht „reellen" Sache — gesagt worden ist, daß sie „jenseits von Raum und Zeit liegen" (BAVINK), so wird wohl erst recht für das, was die Unzulänglichkeit der Sprache bildlich als „letzte Gründe des Daseins und Geschehens" (insbesondere des organismischen Geschehens) bezeichnet, das Raum-Zeit-Schema seine Geltung verlieren.

In diesem Zusammenhange sei noch auf ein seltsames analogisches Zusammentreffen hingewiesen, das unser Bild vom ständigen Wechsel eines „Eingeschaltetwerdens und Sichwiederausschaltens" des Katalysators gegenüber einer Definition von LOTZE zeigt, in der „ständiges veränderliches Erleiden und Gegenwirken" im Zusammenhang der Erscheinungen Merkmal — der *Persönlichkeit* ist! Es gibt schon fast ein Gefühl der Bestürzung, zu sehen, wie die Sprache für Niederstes und Höchstes ähnliche bildliche Ausdrücke liefert, so daß hier im Grunde nur das unscheinbare Wort „veränderlich" auf den himmelweiten Abstand zwischen beidem hinweist! Sollte wohl schon in dem Dasein und Wirken des Katalysators ein allereinfachstes Gleichnis derjenigen Art und Weise gegeben sein, wie die Einzelmonade in ihrem Bereich wirkt, ohne in dem, worin sie wirkt, aufzugehen; hierin wieder — nach LOTZE — ein Gleichnis der umfassenden Weltmonade, die Persönlichkeit im höchsten und vollkommensten Sinne ist?

Und wenn eine der letzten Fragen der Naturphilosophie tatsächlich lautet: „Wie wirkt Entelechie auf die Natur?" (DRIESCH), könnte dann wohl ein erster Versuch einer freilich nur formalen und bildhaften Antwort lauten: Sie wirkt katalysatorartig, richtunggebend und lenkend, indem sie in das Substrat eingeht und doch von ihm verschieden bleibt[79]? Derartigen und anderen Fragen nachzugehen, die von dem Begriff des Katalysators und seiner Betätigung im Organismus bis in das Gebiet der Metaphysik hinüberführen, soll jedoch einer künftigen Naturphilosophie überlassen bleiben. —

III. Abschließender Teil.

7. BERZELIUS' katalytisches Vermächtnis.

In Umrissen sollte gezeigt werden, was aus den Gedankengängen von BERZELIUS heute ein *Chemiker* über die Anwendung des Katalysebegriffes im Gebiete der Biologie sagen kann. Könnte BERZELIUS selber auf der unruhigen Erde erscheinen — die Abfassung seines ,,himmelschemischen Jahresberichtes" kurz unterbrechend —, so würde er, nach seiner Auffassung über die Gesamtentwicklung der Biokatalyse in Vergangenheit und Zukunft befragt, vielleicht etwa folgendes sagen:

,,Es steht fest, daß in der lebenden Natur zahlreiche, einfachere wie zusammengesetzte Körper weitgehend mit dem Vermögen begabt sind, durch ihre Gegenwart *schlummernde Verwandtschaften zu wecken* und so katalytisch die verschiedensten neuen Dinge zu erzeugen, indem ein bestimmter Katalysator in einem gegebenen stofflichen Gebilde von den verschiedenen möglichen Reaktionen einen bestimmten Vorgang auswählt und verwirklicht. Diese von der hohen Weisheit des Schöpfers zeugende katalytische Fähigkeit der Stoffe kommt vor allem der *Lebenskraft* zustatten, indem auf diese Weise nicht nur passende chemische Reaktionen im Organismus hervorgerufen und die Lebensprozesse aufrechterhalten, sondern auch Formbildungen verursacht und Entwicklungsvorgänge gesteuert werden. Wir dürfen hoffen, daß in den nächsten hundert Jahren das Gebiet der Gewebeaufbau-, Steuerungs-, Formbildungs- und Entwicklungskatalysen eine ebenso gründliche Untersuchung erfahren werden, wie im vergangenen Jahrhundert bereits die organischen Fermente, auf deren Wesensübereinstimmung mit den Katalysatoren ich als einer der ersten hingewiesen habe. Im Anfang haben sich vornehmlich die Chemiker mit der Katalyse abgegeben; fortan haben auch die Physiologen und Biologen immer mehr das Wort!"

Und dann könnte er, einen Ausspruch aus seiner letzten Lebenszeit (von 1847, Lehrb. d. Ch., 5. Aufl., 4, 53) nur wenig modifizierend, fortfahren*:

,,*Die innewohnende Kraft, welche unter den dazu erforderlichen Verhältnissen bestimmt, daß der von außen aufgenommene Nahrungs-*

---

* Die von B. wirklich herrührenden Ausdrücke und Sätze sind *kursiv* gedruckt; aus sachlichen Gründen werden einige kleine Änderungen (z. B. -zelle) und Hinzufügungen gebracht.

stoff zu der Art von Pflanze und Tier wird, von welcher Samen- und Eizelle herrührten, und daß im Organismus die mannigfachsten katalytischen Einflüsse ganzheitlich geregelt ineinandergreifen, *das ist das Rätsel des Lebens, welches wir niemals lösen werden. Wie ernstlich wir uns auch bemühen, einen Blick in diese Laboratorien des Lebens zu werfen, so nehmen wir doch niemals den spiritus rector wahr, welcher diese Kräfte bestimmt, nach ihren Zielen zu wirken. Inzwischen erlauschen wir doch hier und da etwas von seinen Geheimnissen, und wie weit wir damit bei einer fleißigen Forschung in Zukunft kommen können, kann niemand voraussehen. Eines von diesen erlauschten Geheimnissen haben wir in der Anwendung gefunden*, welche die lebende Natur von der katalytischen Kraft macht, und welche weiter zu erforschen eine unserer wichtigsten Aufgaben bei dem Suchen nach den ursächlichen Zusammenhängen der Lebenserscheinungen sein muß!"

8. Zusammenfassung.

1. Der Katalysebegriff von BERZELIUS, weiter entwickelt namentlich von WILHELM OSTWALD, faßt alle diejenigen Erscheinungen der leblosen und der lebendigen Natur in sich, bei welchen ein Stoff durch seine Gegenwart chemische (auch elektrochemische, photochemische und kolloidchemische) Reaktionen und Reaktionsfolgen nach Richtung und Geschwindigkeit bestimmt. Eine wichtige Sonderform ist die Autokatalyse, bei der ein Stoff „seinen eigenen Zuwachs katalysiert" (Keimkatalyse, Zuwachskatalyse).

2. Die Wirkungsweise des Katalysators ist nach der Zwischenreaktions- oder Zwischenzustandstheorie in der Regel so zu denken, daß der Katalysator einen neuen Teilakt schafft, in erster Linie durch Vermittlung labiler „Zwischenverbindungen" (auch „Adsorptionsverbindungen") mit besonderen neuen Spaltstellen, und daß er so auf dem Wege des „Eingeschaltetwerdens und Sichwiederausschaltens" wiederholt oder langandauernd eine an sich mögliche chemische „Umsetzung" herbeiführt.

3. Die Katalyse, die bereits im Reiche des Leblosen von großer Bedeutung ist, gelangt zu ihrer reichsten und höchsten Auswirkung im Reiche des Lebendigen. Als Biokatalysatoren sind seit den Tagen von BERZELIUS vor allem die Enzyme oder Fermente durchweg — neben zahllosen sonstigen „namenlosen" Katalysatoren des Organismus — anerkannt worden; doch spricht vieles dafür, daß auch die Hormone, Wuchsstoffe, Vitamine, Abwehrstoffe,

Formbildungsstoffe, Reizstoffe und Vererbungsstoffe insofern als Biokatalysatoren anzusprechen sind, als auch für ihre Wirkungsweise oftmals *katalytische* (d. h. an einen Katalysator gebundene und von ihm hervorgerufene) *Teilakte von entscheidender Bedeutung* sind; alle diese Gruppen reaktionsbestimmender und funktionssteuernder Stoffe und Stoffaggregate des Organismus, allgemeinen oder speziellen bis individuellen Charakters, erscheinen einer Durchforschung unter dem Gesichtspunkt katalytischen Geschehens zugänglich und bedürftig, vor allem im Hinblick auf die Erscheinung überraschend großer und weitreichender Wirkungen schon kleinster Stoffmengen.

4. Bei der psychophysischen Doppelnatur alles Lebenden läßt sich die Wirkung des Biokatalysators bis in das Gebiet von Trieb, Instinkt und Wille verfolgen, jedoch — als „echte" Katalyse — immer nur in bezug auf die stoffliche Erscheinungsseite des Lebens, das in seinem „inneren Wesen" vom Katalysatorbegriff nicht erreicht wird.

5. Biokatalysatoren sind stoffliche Ursachen organischen Geschehens, die selber keine energetische Arbeit leisten, in dem besonderen Falle der Reaktionskopplung sogar — als „Induktoren" — ein chemisches System von freiwilligem Reaktionsablauf zur Arbeitsleistung für andere, nicht freiwillig verlaufende Vorgänge zwingen.

6. Insofern die Biokatalysatoren mehr oder weniger „wahlhaft" (spezifisch) auf die Verwirklichung ganz bestimmter Reaktionen abgestimmt sind, ist ihrer Betätigung ein Richtungssinn und Wirkungsziel eigen; sie sind mithin gleichzeitig finale Faktoren einfachster Art.

7. Ganzheitliche Züge tragen die Biokatalysatoren, soweit und sofern sie nicht einheitliche Stoffe, sondern Stoffaggregate sind, deren Leistung sich nicht additiv aus den Funktionsfähigkeiten der „Teile" ergibt; ein ganzheitlich zielstrebiges Gepräge höherer Art tritt dann in dem zeiträumlichen Zusammenwirken verschiedener Biokatalysatoren untereinander und gegebenenfalls mit dem Nervensystem zutage.

8. Die Gesamtheit der Biokatalysatoren eines Organismus erscheint als ein geordnetes System niederer teleokausaler Faktoren, die unter der Gesetzlichkeit des Lebens, d. h. im Dienste der höheren Ziele des Organismus (mit seinen höheren Potenzen des „Biofeldes") stehen, und die für den Chemismus des Lebens auf allen seinen Stufen durchaus unentbehrlich sind. *Der Biokatalysator richtet und wird gerichtet*[80]. —

Anmerkungen.

[1] Als eigentlicher *Träger der Idee der organischen Synthese* erscheint JUSTUS LIEBIG (s. WALDEN, Naturwiss. **1928**, 835), der schon 1838 in seiner mit FR. WÖHLER ausgeführten Harnsäure-Arbeit sich bestimmt dahin äußerte, daß man Zucker, Salicin und Morphin einmal künstlich herstellen werde. 1797 hatte GREN gesagt: „Was sich in den Gefäßen organischer Körper aus den Grundstoffen bildet, das macht kein Chemiker in Kolben und Schmelztiegel nach"; 1860 aber erklärte H. KOLBE: „Die chemisch-organischen Körper sind durchweg Abkömmlinge anorganischer Verbindungen und aus diesen, zum Teil direkt, durch wunderbar einfache Substitutionsprozesse entstanden." An die Grenzen rührte schließlich VAN 'T HOFF mit seinem Ausspruch 1900: Der Chemiker wird mit seinen Synthesen „bis an die Zelle gehen, die als organisierte Substanz dem Biologen zufällt".

[2] Noch 1817 hatte F. GMELIN sich geäußert: „Organische Körper sind Produkte der durch Lebenskraft geleiteten Affinität." Weiterhin aber hat die Auffassung zwischen zwei Polen geschwankt: Die Lebenskraft als „Prinzip der faulen Vernunft" (SCHLEIDEN 1845) und: „Wer die Lebenskraft leugnet, leugnet im Grunde sein eigenes Dasein, kann sich also rühmen, den höchsten Gipfel der Absurdität erreicht zu haben" (SCHOPENHAUER). S. hierzu LOTZE über „Leben und Lebenskraft" in „Kleine Schriften"; DRIESCH, Geschichte des Vitalismus. 2. Aufl. 1922; E. v. LIPPMANN, Urzeugung und Lebenskraft. 1933; A. v. WEINBERG, Tendenz im Weltgeschehen. 1921; FÄRBER, Stoff und Form als Problem der biologischen Forschung. Isis **1934**.

[3] BERZELIUS' Jahresber. **1834/36**, 237—245; gleichzeitig erschienen in SCHUMACHERS astronomischem „Jahrbuch für 1836" (Stuttgart) und Ann. Chim. et Phys. **1836**, 146—151. Über BERZELIUS' Gesamtwerk s. P. WALDEN, Berzelius und wir. Z. angew. Chem. **1930**, 325ff.

[4] Näheres hierzu s. MITTASCH, Berzelius und die Katalyse. Leipzig 1935; ferner auch W. OSTWALD, Ältere Geschichte der Lehre von den Berührungswirkungen. Dekanatsprogramm Leipzig 1898.

[5] Wir sehen ab von dem Zeitbedingten in BERZELIUS' Ausführungen, so von der „Erweckung schlummernder Verwandtschaften", durch die eine „größere elektrochemische Neutralisierung" hervorgebracht wird, usw., desgleichen von seinem Katalysestreit mit LIEBIG und der weiteren Entwicklung der Lehre von der Katalyse bis W. OSTWALD und darüber hinaus. Hierzu s. MITTASCH u. THEIS, Von Davy und Döbereiner bis Deacon (Grenzflächenkatalyse), 1932, sowie MITTASCH, Über die Entwicklung der Theorie der Katalyse im 19. Jahrhundert. Naturwiss. **1933**, 729ff.

[6] WILLSTÄTTER, Zur Lehre von den Katalysatoren. 1927: „Katalysatoren können Reaktionen nicht nur beschleunigen, sondern auch hervorrufen"; s. auch Naturwiss. **1927**, 585. — SCHADE, Physikalische Chemie in der inneren Medizin, 1923, S. 211: „Zumeist handelt es sich um Beschleunigung an sich bekannter Reaktionen; nicht selten aber treten unter dem Einfluß der Katalysatoren auch Reaktionen zutage, die ohne Katalyse überhaupt nicht bemerkbar waren." Bei DRIESCH, Philosophie des Or-

ganischen (2. Aufl. 1921, S. 435), in Wunschform: „Wir möchten glauben, daß Katalysatoren Reaktionen nicht nur beschleunigen, sondern auch ermöglichen. Vgl. auch v. LIPPMANN, Chemie der Zuckerarten, 2. Aufl. 1904, Bd. II, S. 1303, sowie die „Kompromißformel" von MICHAELIS: „Ein Katalysator ist ein Stoff, durch dessen Gegenwart eine thermodynamisch mögliche, aber nicht oder mit kleiner Geschwindigkeit vor sich gehende Reaktion beschleunigt wird." Ähnlich schon NERNST 1898: „Eine Reaktion wird beschleunigt, die auch ohne jene Stoffe stattfinden könnte." (Mit Genugtuung erfuhr inzwischen Verf. von Wo. OSTWALD, daß W. OSTWALD in späteren Jahren selber an eine Vervollständigung seiner Katalysedefinition gedacht hat, in dem Sinne, daß der Katalysator die Funktionen des Anlassers, Lenkers und Geschwindigkeitsreglers in sich vereinigt: damit aber wäre eine völlige Übereinstimmung von Lehrer und Schüler wieder hergestellt!)

[6] Es sei an die Ausführungen (S. 2) über den *einen* Pflanzensaft oder das eine Blut erinnert, aus dem durch die „katalytische Kraft" der Gewebe die verschiedensten Dinge entstehen können. Demgegenüber hat W. OSTWALD dem Merkmal der „Richtunggebung und Reaktionslenkung" nur wenig Aufmerksamkeit gewidmet. S. dazu SCHWAB, Katalyse vom Standpunkt der chemischen Kinetik, 1931, S. 181ff., über „selektive Katalyse". Die Lenkung erscheint hier (S. 6) als „ein Erhöhen der Geschwindigkeit auf dieser an sich schon möglichen Bahn bis in den Bereich der Meßbarkeit". Ferner s. FRANKENBURGER u. DÜRR, Katalyse, 1930 (Sonderdruck aus ULLMANN, Enzyklopädie der technischen Chemie, 2. Aufl.). Einer strengen Theorie mag der Nachweis gelingen, daß auch in den Fällen selektiver Katalyse es sich durchweg um „eine ungeheure Vermehrung gewisser Elementarvorgänge" an den niemals im Ruhezustande, sondern immer in innerer Oszillation der Quantenzustände befindlichen Molekeln handelt und daß der Katalysator sich ausnahmslos nur auf der Grundlage dieser „vorstufigen bereits stattfindenden Vorspiele" betätigen kann (BREDIG); der Biolog dürfte dennoch eine Definition vorzuziehen geneigt sein, die, wenn auch nicht so tief dringend, völlig auf Erfahrung gestellt ist.

[8] S. hierzu die (noch unvollständige) Übersicht bei MITTASCH, Ber. dtsch. chem. Ges. **59**, 13 (1926), ferner FRANZ FISCHER u. a. m.

[9] SKRABAL: „Wollen wir eine Erklärung der Katalyse geben, so müssen wir auf die Urreaktionen zurückgreifen, aus welchen die Wirkungsweise der Katalysatoren hervorgeht." (Die Reaktionszyklen, Wien. Monatsh. **1935**; s. auch „Instabile Zwischenprodukte", ebenda **1934**.) Schon die „einfache" Keto-Enol-Umlagerung aber umfaßt 12 „Urreaktionen" mit 6 Reaktionsbahnen und einem schwer übersehbaren Reaktionsverlauf.

[11] Vgl. DRIESCH, Naturbegriffe und Natururteile, 1904, S. 156: „Man redet ganz allgemein von Katalysatoren, falls gewisse für Reaktionsabläufe wirksame Stoffe sich nicht irgendwie in stöchiometrischen Verhältnissen am Gesamtresultat der Umsätze beteiligen." Es ist gewiß kein Zufall, daß das erste Aufmerksamwerden auf besonders eindrucksvolle Vorgänge solcher Art (noch ohne den Namen Katalyse) um die Wende des 18. bis 19. Jahrhunderts, also in der Zeit des Aufblühens der Stöchiometrie, erscheint: Stickoxyd bei dem alten Bleikammerprozeß zur Schwefelsäure-

herstellung, Stärkehydrolyse durch Säure und wässerige Malzauszüge, DAVYS Beobachtungen an brennbaren Gasen mit einem heißen Platindraht usw.

[11]) Vgl. hierzu und weiterhin G. M. SCHWAB, Katalyse vom Standpunkt der chemischen Kinetik. 1931; SABATIER, Die Katalyse in der organischen Chemie (2. Aufl. deutsch 1927); FRANKENBURGER u. DÜRR, Katalyse. 1930; MARK über „Katalyse" in Chem. Ingenieurtechnik (Berlin) 1, 166 (1935); SAUTER, Heterogene Katalyse. 1930; G. WOKER, Die Katalyse.

[12] Vgl. MITTASCH, Z. Elektrochem. 36, 573 (1930) (Mehrstoff-Katalysatoren); Chem.-Ztg. 58, 305 (1934) (Technische Katalyse); FRANKENBURGER u. DÜRR a. a. O. Als besonders eindrucksvolle Fälle technischer Mehrstoffkatalyse seien genannt: die Ammoniakkatalyse der I. G. Farbenindustrie (Haber-Bosch-Verfahren) mit einem Eisen-Tonerde-Kali-Kontakt; die $CO-H_2$-Synthesen: SABATIER; I. G. Farbenindustrie (MITTASCH, CHR. SCHNEIDER u. PIER, OTTO SCHMIDT); FRANZ FISCHER u. a.; ferner die Kohleverflüssigung durch Druckhydrierung: I. G. Farbenindustrie (KRAUCH u. PIER) nach dem modifizierten Bergius-Verfahren.

[13] Zur dauernd fortschreitenden Theorie der Katalyse, insbesondere hinsichtlich der Zwischenreaktionen und Zwischenverbindungen einschließlich „Adsorptionsverbindungen" s. außer dem schon angeführten Schrifttum die reiche in- und ausländische physikalisch-chemische Zeitschriftenliteratur, in Z. physik. Chem., Z. Elektrochem. usw. — Die Zwischenreaktionstheorie der Katalyse ist zuerst von MERCER und von PLAYFAIR um die Mitte des vorigen Jahrhunderts im Anschluß an Arbeiten von W. C. HENRY, DE LA RIVE und KUHLMANN entwickelt worden, indem sie den Begriff der Katalyse als verträglich mit dem Stattfinden von Zwischenreaktionen erkannten und so die „*Synthese von Katalyse und chemischer Reaktion*" vollzogen (s. MITTASCH u. THEIS, a. a. O., sowie THEIS, Pharmaz. Ind. **1935**, 568).

[14] Mit Rücksicht auf gewisse „philosophische Analogien", auf die wir noch zurückzukommen haben (s. S. 91), könnte man besser noch vielleicht sagen: Der Katalysator *wird* eingewickelt und wickelt sich spontan wieder aus. — Die manchmal aufgeworfene Frage, warum Reaktionen über katalytische Zwischenstufen schneller verlaufen als ohne solche, ist ein *Scheinproblem:* Es sind immer nur Ausnahmefälle, daß ein Fremdstoff durch seine „Affinitäten" neue Elementarakte und damit einen neuen — schnelleren — Reaktionsverlauf schafft, und ein Katalysator — der positive wie der negative — hat immer „Seltenheitswert"; die unzähligen übrigen Fälle aber, daß ein Fremdstoff in einem chemischen System völlig indifferent sich verhält, interessieren — zumal den Praktiker — in keiner Weise.

[15] Zum letzten Male in einem Briefe vom 5. März 1868 (kurz vor seinem Tode): „Ich habe früher schon einmal die Ansicht ausgesprochen, daß jeder chemische Vorgang synthetischer und analytischer Art ein aus verschiedenen Akten zusammengesetztes Drama, ein wirklicher ‚processus' sei, d. h. einen Anfang, eine Mitte und ein Ende habe." (Vgl. auch die Stufenregel von HORSTMANN-W. OSTWALD, wonach bei chemischen Reaktionen zunächst nicht das beständigste, sondern das unbeständigste Produkt entsteht, das energetisch noch möglich ist. In dem Auffinden

und „Herauspräparieren" derartiger Zwischengebilde hat es die Reaktionskinetik schon weit gebracht; s. z. B. H. SCHMID, Z. Elektrochem. **36**, 769 (1930); **39**, 573 (1933). Noch heute also gilt die Umschreibung von WEGSCHEIDER 1900, in seiner bedeutsamen Cinchonin-Arbeit: „Katalytische Beschleunigungen lassen sich durch die Annahme erklären, daß bei jeder chemischen Reaktion eine kontinuierliche Folge von Zwischenzuständen durchlaufen wird und daß der Katalysator, indem er mit den reagierenden Körpern in Wechselwirkung tritt, die Art der Zwischenzustände derart verändert, daß die Reaktion ermöglicht oder beschleunigt wird." Vgl. auch DRIESCH, Naturbegriffe und Natururteile, 1904, S. 157: „Eine instabile Verbindung ist als primäres Resultat des zugesetzten Katalysators anzusehen; sie ist das Kuppelnde, das Vermittelnde."

[16] Eine organische Verbindung, namentlich komplizierter Art, oder gar eine „Symplexverbindung", hat in der Regel verschiedene „schwache Stellen", die je nach Natur des Katalysators und den sonstigen Bedingungen zu Rißstellen werden können; s. hierzu auch die Arbeiten von OTTO SCHMIDT in Z. Elektrochem. sowie Ber. dtsch. chem. Ges. ab 1933; ferner auch GRIMM u. WOLFF, Angew. Chem. **1935**, 133.

[17] Als Beispiel derartiger Kettenreaktionen, die in der Form von „Stoffkette" oder „Energiekette" als Folgeerscheinung vereinzelter katalytischer „Stöße" (Molekularakte) in Gang kommen, sei die Knallgasverbrennung an Platin angeführt, die, nachdem sie am Katalysator heterogen „gestartet" hat, in Form einer Reaktionskette von „Radikalen" (auch Peroxyden), wie OH, HO_2 usw., weiter abläuft. S. hierzu BODENSTEIN, Kettenreaktionen. Z. Elektrochem. **38**, 911 (1932); CLUSIUS, Kettenreaktionen. 1931. (Nach FRANKENBURGER sind Kettenreaktionen durch ein inniges Ineinandergreifen von Autokatalyse und induzierter Reaktion gekennzeichnet.)

[18] Ein Zusammenhang zwischen energetischen Größen und Katalysatorwirkung ist, speziell bei der Oberflächenkatalyse, nur derart vorhanden, daß die den einzelnen Molekeln zwecks Überwindung ihrer „Reaktionshemmungen" vorübergehend, gleichsam „leihweise" zur Verfügung zu stellende *Aktivierungsenergie* durch den neuen, mit Hilfe der Teilnahme des Katalysators beschreitbaren Reaktionsweg erheblich *vermindert* zu werden vermag. Dies bedeutet aber keine Arbeitsleistung des Katalysators; auch ist der Betrag der Aktivierungsenergie, die ja nur *vorübergehend* aufgewendet werden muß, für die Bruttoarbeit des Reaktionssystems und damit seine thermodynamische (Gleichgewichts-) Lage belanglos; hingegen kann sie ausschlaggebend sein für die Geschwindigkeit, mit der diese thermodynamische Möglichkeit verwirklicht wird. — Falls es im übrigen auffallen sollte, daß bei unseren theoretischen Bemerkungen so gut wie nichts von Elektronen, Energiequanten, aktivierter Adsorption und anderen Begriffen der Mikrophysik und Oberflächenchemie zu finden ist, so möge man bedenken, daß einerseits eine vollkommene Übersetzung in jene Sprache heute noch nicht möglich ist (vgl. jedoch die Bemühungen von POLANYI und EYRING, LOWRY, BONHOEFFER u. a.) und daß andererseits auch die nichtkatalytischen Vorgänge die Atome selber nicht unberührt lassen, so daß hier ein *unterscheidendes spezifisches Merkmal* der Katalyse nicht vorliegt!

Anmerkungen I. 99

[19] S. hierzu die Arbeiten von SCHAER, M. TRAUBE, LUTHER u. SCHILOW, J. WAGNER, ENGLER, BACH, SKRABAL, MANCHOT, HALE, VANNOY u. a. Die Bedeutung der Reaktionskupplung für den Organismus wurde bereits von W. OSTWALD erkannt; Z. physik. Chem. 47, 127 (1904).

[20] Die Katalysedefinition von LIEBIG (die in seinem Streit mit BERZELIUS eine große Rolle gespielt hat), wonach der Katalysator seinen eigenen Erregungszustand molekularer Schwingungen auf das Substrat überträgt, hat mehrfach zu einer Betonung des „Verbrauchtwerdens" des Katalysators geführt, die im Grunde mehr auf den Vorgang der „Induktion" paßt. (Mit der „energetischen Induktion" der Physik, z. B. in der Elektrizitätslehre, hat das nichts zu tun.) Die Grenzen zwischen „Katalyse" und „Induktion" sind unscharf, da es einigermaßen willkürlich ist, bei welcher Zahlenhöhe des „Induktionsfaktors" man beginnen will, von Katalyse zu reden. Über die Bioinduktion in ihrem Verhältnis zur Biokatalyse und die Rolle der Kettenreaktionen dabei (BODENSTEIN u. a.) vgl. v. EULER, sowie WILLSTÄTTER und HABER [Ber. dtsch. chem. Ges. 64, 2844 (1931)], BACH, SEMENOFF u. a. Nach v. EULER kann bei der Übertragung von Gärungs- und Atmungsenergie auf andere Zellreaktionen der nicht als fühlbare Wärme entwickelte Teil der Reaktionsenergie im „status nascendi" „für Synthese, Zuwachs, Regeneration und Fortpflanzung ausgenutzt" werden. (Vgl. auch die Stickstoffassimilation durch gewisse Mikroorganismen, die nur auf der Basis der Kopplung mit Energie liefernden chemischen Vorgängen möglich ist.) S. hierzu, speziell über hochwertige physiologische Kreisprozesse (polyphasische Prozesse) bei der Muskelfunktion MEYERHOF u. a.; ferner KNOOP (Naturwiss. 1930, 224) über die „Energiewanderungen", die im Organismus durch Stoffe mit mittlerem Redoxpotential (wie Glutathion) vermittelt werden, die je nach Umständen oxydierend oder reduzierend wirken; weiter MICHAELIS, WALDSCHMIDTLEITZ, WARBURG, WIELAND u. a.; über Induktion allgemein BREDIG sowie FRANKENBURGER in Enzyklopädie der technischen Chemie von ULLMANN, 1. u. 2. Aufl. (Artikel „Katalyse").

[21] Die Bedeutung der Hemmungen stofflicher Umwandlung und ihrer Überwindung allgemein schildert LANGE, Z. Elektrochem. 41, 107 (1935), s. auch POLANYI, Naturwiss. 1932, 290: Ohne die chemische Trägheit würde „das ganze Reich organischer Verbindungen auf wenige Dutzend Stoffe zusammenschrumpfen".

[22] Außer den großen Werken über Enzyme und ihre Wirkungsweise (OPPENHEIMER, WILLSTÄTTER, V. EULER, HALDANE u. a. und die fortlaufenden „Ergebnisse der Enzymforschung" von NORD und WEIDENHAGEN) s. auch WILLSTÄTTER, Probleme und Methoden der Enzymforschung. Naturwiss. 1927, 585; Enzymisolierung, Ber. dtsch. chem. Ges. 59, 1 (1926); Lebensvorgänge und technische Methoden, Österr. Chem.-Ztg. 32, 107 (1929); v. EULER, Biokatalysatoren (Sammlung AHRENS). 1930; WARBURG, Katalytische Wirkung der lebendigen Substanz. 1928; SCHÖBERL, Spezifische Wirkungen von Katalysatoren und Enzymen. Naturwiss. 1934, 245; FRANKENBURGER, Fermentreaktionen unter dem Gesichtspunkt der heterogenen Katalyse; in: Erg. Enzymforsch. 3 (1934). Zum ersten Male hatte BERZELIUS in seinem Lehrbuch der organischen Chemie 2, 924 (1828) eine

Analogie von Hefegärung und Wasserstoffsuperoxydzersetzung behauptet, nachdem schon THÉNARD 1819 die Auswirkung der Drüsentätigkeit (animalische und vegetabilische Sekretion) als dieser ähnlichen Vorgang bezeichnet hatte.

[23] Siehe DRIESCH, Naturbegriffe, S. 176. „Gerade hier erscheint die engherzige Beschleunigungstheorie absurd". S. 191: „Enzyme sind chemische Verbindungen bestimmter Art, welche chemische Reaktionen ermöglichen, die in ihrer Abwesenheit entweder gar nicht oder sehr langsam geschehen würden." — Der Zwiespalt aber, den die „Beschleunigungstheorie" in der Biologie herbeizuführen vermochte, wird in einer Äußerung von J. REINKE (Grundlagen einer Biodynamik, 1922, S. 80) besonders deutlich: „Sind aber die Enzyme gar nur Katalysatoren, so würden sie lediglich beschleunigen können" (s. auch S. 112 daselbst). Vgl. auch BECHHOLD: „Enzyme sind Stoffe, die schon in kleinsten Mengen eine Reaktion vermitteln bzw. beschleunigen."

[24] Von anderer Seite (s. WALDSCHMIDT-LEITZ) werden unterschieden: Hydrolysierende Enzyme und Enzyme des Energiestoffwechsels (Gärung und biologische Oxydation). Eine besonders reiche Geschichte haben die *Gärungsfermente für alkoholische Gärung, Milchsäuregärung usw.* aufzuweisen (LIEBIGS Gärungstheorie gegen PASTEURS Mikroorganismen; Nachweis eines „ungeformten" Fermentes in der Hefe durch E. BUCHNER). „Die Traubenzuckergärung ist Katalyse, Fermentwirkung und Lebensprozeß zumal" (WUNDT).

[25] Als ein Hinweis auf einen solchen Schwermetallgehalt wird es von WARBURG bezeichnet, wenn Stoffe, die bei einfachen Metallkatalysen vergiftend wirken (CO, HCN, SH_2) auch hier die Aktivität schädigen oder aufheben. (Der Ferment-Eisen-Gehalt der Zelle wird zu $1:10000000$ angegeben.)

[26] Im einzelnen sei auf die Theorie von MICHAELIS und MENTEN sowie die Zwei-Affinitätstheorie v. EULERS hingewiesen; ein ausführliches Schema der H_2O_2-Zersetzung durch die Katalase gibt FRANKENBURGER in „Fermentreaktionen", S. 13, unter dem Gesichtspunkt einer adsorptiven Anlagerung (als Grenzflächenkatalyse), Umlagerung und nachfolgender Desorption.

[27] Ähnlich kompliziert liegen die Verhältnisse bei der „Ursynthese" der CO_2-Assimilation im Licht durch Chlorophyll, gleichfalls unter Beteiligung eines Eisen enthaltenden Fermentes; s. hierzu die Arbeiten von WILLSTÄTTER, WARBURG, BLACKMAN und KAUTSKY. Noch wenig bekannt sind die Vorgänge bei der Stickstoffassimilation durch gewisse freilebende und symbiotische Bodenbakterien u. dgl. (Sekundäre chemische Synthese, meist an Zwischenprodukte oder Spaltstücke der Abbaukette anschließend und von dem Kunstgriff der Kopplung mit energieliefernden Reaktionen vielfach Gebrauch machend, spielen als „Dunkelreaktionen" zur Gewinnung von Eiweißverbindungen, Terpenen, Riechstoffen, Wachsen, Gummi usw. eine große Rolle.)

[28] So wurde erkannt, daß die Spaltung des Amygdalins, die schließlich Traubenzucker neben Blausäure und Benzaldehyd liefert, in mehreren Stufen verläuft, wobei durchgängig Bestandteile des Emulsins wirksam

Anmerkungen I. 101

sind. — Von der klassischen Arbeit von LIEBIG und WÖHLER über die Amygdalinspaltung [Liebigs Ann. **22**, 22 (1837)], die in der Geschichte der Katalyse eine wichtige Stellung einnimmt — s. MITTASCH, Berzelius und die Katalyse, S. 14ff. —, hat ein weiter Weg zu derartigen Resultaten geführt!

[29] BREDIG, Anorganische Fermente. 1901; spätere Zusammenfassung in ALEXANDERS Colloid Chemistry **2**, 327 (1928); im einzelnen: Schardinger-Reaktion. Z. physik. Chem. **70**, 34 (1910); Asymmetrische Synthese durch Katalysatoren als Modell der Fermentwirkung. Festschrift Techn. Hochschule Karlsruhe. 1925; Asymmetrische Katalyse mit organischer Faser. Biochem. Z. **250**, 414 (1932); G. M. SCHWAB u. a., Optisch asymmetrische Katalyse an Quarzkrystallen. Naturwiss. **1932**, 362. Kolloid-Z. **68**, 157 (1934). Ferner FAJANS (Theorie der optischen Aktivierung durch katalyt. asymmetrische Synthese); LANGENBECK, Fermentproblem und organische Katalyse. Angew. Chem. **45**, 97 (1932); Chemische Natur der Fermente. Erg. Physiol. **35**, 470 (1933); zusammenfassend: Die organischen Katalysatoren. 1935; ROST, Entstehung der optischen Asymmetrie. Angew. Chem. **1935**, 73; WEGLER, Optische Auslese bei Reaktionen mit optisch aktiven Katalysatoren. Ber. dtsch. chem. Ges. **68**, 1055 (1935).

[30] Nach VERNON entsteht Trypsin aus dem Trypsin-Zymogen durch Autokatalyse; die Bildung beginnt langsam und schreitet rasch voran, sobald Spuren Trypsin entstanden sind. Auch sonst sind die letzten Akte der Entstehungsweise mitunter bekannt, so bei dem photochemisch aus Ergosterin erzeugten Vitamin D; vgl. FRANKENBURGER, Wesen photochemischer Prozesse und ihre Beziehungen zu biologischen Vorgängen; in: Strahlentherapie **47**, 253 (1933). Mehrfach konnten Partialsynthesen vom Chemiker verwirklicht werden (Cytochrom, gelbes Ferment); im ganzen aber ist die Entstehung der Enzyme im Organismus doch noch in tiefes Dunkel gehüllt.

[31] S. hierzu auch BERSIN, Biochemie der Schwermetalle. Z. ges. Naturwiss. **1935**, 70. Die Produktion von polychromen Erythrocyten durch Eisenwirkung im Knochenmark, wie der „roburierende Effekt" des Eisens, wird vielfach als katalytisch angesehen. Vgl. EICHHOLTZ, Über Katalyse in Pharmakologie und Medizin. Chem.-Ztg. **1934**, 409; über Eisenkatalysen Arch. f. exper. Path. **174**, 217 (1933); **176**, 40 (1934); **178**, 154 (1935). Bei dem hier speziell untersuchten Beispiel der Wirkung von pyrogallolsulfosaurem Eisen als „Krampfgift" zeigen sich im Zusammenwirken mit Hormonen und Salzen oft deutliche Verstärkungen und Abschwächungen (Insulin und Blei wirken verstärkend, Adrenalin, Calcium- und Magnesiumion sowie Arsen antagonistisch). (Vgl. hierzu in bezug auf organische Schwermetallverbindungen usw. als Katalysatoren, auch LANGENBECK, a. a. O., ferner die Arbeiten von STOCK über die Bedeutung des im Organismus spurenweise vorhandenen oder ihm zugeführten Quecksilbers.) Auch für den spezifischen Faktor, der die Normalzelle bei geschädigtem Abwehrsystem zur „Krebszelle" macht (G. KLEIN, Über Krebsdisposition 1934), sowie wiederum hinsichtlich des „lytischen Prinzips" für Krebszellen dürften Beziehungen zur Katalyse vorhanden sein, da es sich nach KLEIN durchaus um „stoffliche Agenzien" handelt. — Eine Art *Autokatalyse* im

heterogenen System wird z. B. die Blutpfropfbildung bei Spontanthrombose sein, bei der innerhalb weniger Stunden, nachdem erst einmal die Abscheidung von Blutplättchen eingesetzt hat, ein großes Venensystem völlig verlegt werden kann (STICH, Forschgn. u. Fortschr. **1935**, 291).

[32] Auf die überreiche biologische und medizinische Hormonliteratur kann hier nicht eingegangen werden; neuere Erörterungen s. z. B. in Ärztl. Rdsch., Sonderheft Hormone und Vitamine, Nov. **1934**; ferner ZONDEK, LAQUER u. a.; auch BETHE, Naturwiss. **1932**, 177. (Populär: VENZMER in Kosmos-Bändchen.) Über Vitamine: RUDY (Heidelberg) 1936.

[33] Siehe v. EULER, Wachstumsstoffe und biochemische Aktivatoren. Angew. Chem. **1932**, 220; FR. KÖGL, Über Wuchsstoffe der Auxin- und der Bios-Gruppe. Ber. dtsch. chem. Ges. **68**, 1 (1935); LAIBACH u. a., Wurzelbildende Stoffe. Naturwiss. **1934**, 588. Nach BOYSEN JENSEN (Wuchsstofftheorie 1935) sind Wuchsstoffe zuerst von PFEFFER und JENSEN 1911 angenommen worden, und zwar als Ursache der phototropischen Krümmung von Pflanzenteilen, wobei an der Spitze gebildete und auf der Lichtrückseite ausgiebig herabwandernde Stoffe verschiedener Art hier eine größere Beschleunigung des Streckenwachstums hervorrufen; in den Wurzeln wirken die gleichen Stoffe unter Umständen verlangsamend. Möglicherweise geschieht die Einwirkung so, daß durch den Stoff „der Aciditätsgradient gesteuert" (gepuffert?) und damit die Intuszeption verstärkt wird. Die Anwendung der Worte „Beschleunigung" und „Verlangsamung" deutet in gleicher Weise auf die Möglichkeit einer katalytischen bzw. autokatalytischen Wirkungsart hin wie die Tatsache der Wirksamkeit schon „winziger" Mengen; 0,00000002 mg, allerdings immer noch = 36 Milliarden Molekeln berechnet, geben nach KÖGL noch eine deutliche Krümmung bei der Avena-Koleoptile. (S. auch WENT, Naturwiss. **1933**, 1.) Bei bestimmten Biosfaktoren fand KÖGL auch Anzeichen eines *Zusammenwirkens*, indem diese für sich allein unwirksam sind, die Wirkung des Biotins aber stark erhöhen (Aktivatorwirkung). Über Wachstumserscheinungen allgemein unter dem Gesichtspunkt der Autokatalyse s. REED u. DUFRÉNOY, Rév. gén. Sci. pur. appl. **45**, 565 (1934); über Biokatalyse bei der Keimung v. EULER u. PHILIPSON, Hoppe-Seylers Z. **238**, 212 (1931).

[34] Schon im Jahre 1894 hatte DRIESCH die Vermutung ausgesprochen, daß „der Keim ein Gemisch von Fermenten" sei. Ferner sagt OSTWALD („Philosophie der Werte", 1914, S. 176): „Im Moment der Befruchtung nimmt der Organismus einen bestimmten Stoff auf, der etwa *autokatalytisch* die Lebensgestaltung bewirkt", und im Jahre zuvor spricht E. A. SCHÄFER („Das Leben") den Gedanken aus, daß (nach J. LOEB) die Befruchtung dem Eindringen eines anreizenden oder katalytisch wirkenden chemischen Faktors in die Zelle zuzuschreiben sei. Die Hypothese liegt nahe, daß „der eingedrungene Spermakern irgendwelche besonderen Stoffe (Enzyme) enthält, die ähnlich wirken wie im Falle der künstlichen Parthenogenese die äußeren Anstöße" oder wie die „Reizstoffe" im Falle der Embryonalentwicklung und wechselseitigen Zelldetermination (BAVINK).

[35] Über die Funktionsweise der Genstoffe s. A. KÜHN, Naturwiss. **1935**, 1: Die Gene bestimmen nicht die Ausbildung von Merkmalen schlechthin, sondern die Art, wie die Zellen auf bestimmte Entwicklungsreize ant-

worten. Ähnlich HÄMMERLING (a. a. O.): Die Gene *kontrollieren die Entstehung von Stoffen*, die im Plasma spezifische Wirkungen entfalten, die zum Merkmal führen.

[36] (Ähnlich PFEFFER schon 1893 in: Reizbarkeit der Pflanzen.) Nach TIGERSTEDT (1919) ist der Reiz ein Agens, dessen Einwirkung den Stoffwechsel und Energiewechsel in der einen oder anderen Richtung verändert. S. auch DRIESCH, Philosophie des Organischen, sowie P. JENSEN, Reiz, Bedingung und Ursache in der Biologie. 1921. Hier wird der Reiz dem Bedingungsbegriff untergeordnet; s. insbesondere S. 46: „Ein Reiz ist eine solche Komplementärbedingung, die zu den Ruhebedingungen eines lebendigen Systems oder seinen Erhaltungsbedingungen für den Ruhezustand hinzukommen muß, wenn eine Reizerscheinung oder Reizwirkung resultieren soll." „Vielfach löst die als Reiz dienende physiologische Änderung der stationären Prozesse an dem System eine Wirkung aus, die zunächst in keinen überblickbaren chemisch-energetischen Zusammenhang mit dem Reiz gebracht werden kann und meist eine auffällige Disproportionalität zwischen der Größe des Reizes und der Reizwirkung zeigt" (M. HARTMANN, Allgemeine Biologie, S. 15. 1933). G. KLEIN („Physiologische Entwicklung". 1926) spricht von der spezifischen Wirkung spezifischer Stoffe und spezieller Zellelemente, die bei Zellteilung, Formbildung und *Reizleitung* eine spezifische Rolle spielen. (Beispiel der Mimose mit einem reizleitenden Wundstoff.) Nach KLEBS' Versuchen mit der Dachwurz bilden gewisse mit dem Saftstrom auf- und absteigende Stoffe die Reize, die an bestimmten Stellen Neubildungen veranlassen können. — In bezug auf länger wirkende chemische Reize sei auch an die „Reizdüngestoffe" und „Stimulantien" der Pflanzenwelt erinnert.

[37] Als Beispiele seien die Reizwirkung von Äpfelsäure auf Schwärmsporen (nach PFEFFER) und der Buttersäure auf die Lebensfunktion der Zecke (nach v. UEXKÜLL) sowie die des Nicotins auf den Menschen (mit der Schilddrüse als „Umschaltstation" des Reizes) angeführt. (Als Modell der Nervenreizung hat R. LUTHER das System: Wasserstoffsuperoxydlösung mit Übermangansäure, in einem langen Rohre befindlich, genannt, wo eine Spur Mangansulfat, an dem einen Ende eingeführt, autokatalytisch eine fortschreitende Entfärbung der Lösung verursacht. Als Modell der Idiosynkrasie aber — abnorme Stoffreizbarkeit — erscheint nach SCHADE das chemische System Wasserstoffsuperoxyd + Jodkalistärke, das durch Kupfersulfat zu schwacher katalytischer Reaktion gebracht wird; fügt man nur eine Spur Eisensulfat hinzu, so gibt es eine „ganz exzessive Reaktion".

[38] Von summativen Reizen sagt DRIESCH, daß sie im Organismus totalisiert werden, „und auf den totalisierten Reiz antwortet ein totalisierter Effekt". Über die Reizerscheinungen (mit Reizanlaß, Reizrezeption und Reizleitung) bei ortgebundenen Pflanzen (Tropismen; s. auch BLAAUWS Tropismentheorie) sowie bei beweglichen niederen Organismen (Taxien) s. M. HARTMANN, Allgemeine Biologie; ferner GOLDSTEIN 1935.

[39] MÜLLER (Erlangen), Über den Instinkt. 1929; DEMOLL, Instinkt und Entwicklung. 1934. (In obigem Beispiel könnte allerdings die Zulänglichkeit stofflich-katalytischer Betrachtung besonders dringlich in Frage gestellt werden.) Daß die Instinktvorgänge mit den Formbildungsvorgängen

im Wesen vergleichbar sind, hat bereits DRIESCH ausgesprochen: Philosophie des Organischen, S. 316. Ähnlich LOESER in „Psychologische Autonomie des organischen Handelns", 1931: Instinkthandlungen sind nicht Automatismen oder Reflexmechanismen, sondern aus der Organisation, ihrem Rhythmus und ihrem „Gedächtnis" hervorgehende echte Handlungen, getrieben von Lust und Unlust. S. ferner BIERENS DE HAAN, Naturwiss. **1985**, 711; über Beziehungen des Instinktes zur Intuition PFLÜGER, BERGSON u. a.

[40] Hier bereiten neben der Frage der Bildungsweise von Biokatalysatoren noch besondere Schwierigkeiten die Fälle, wo Katalysatoren im Organismus *trotz des lebhaften Stoffwechsels durch lange Zeit erhalten bleiben*, so daß man der Frage einer stofflichen Erneuerung durch Ersatzlieferung kaum ausweichen kann. Es gibt an sich schon ein ganz abenteuerliches Bild, wenn man sich auszumalen sucht, wie im Blute eine unübersehbare Zahl von Biokatalysatoren ihr Spiel treibt; wie soll man sich dabei aber etwa die Erhaltung von „Immunitätsfaktoren" (als Katalysatoren gedacht) im Blute durch alle einstürmenden Einflüsse hindurch denken, derart, daß z. B. überstandener Scharlach jahrzehntelang „platterdings gegen neue Scharlacherkrankung schützt"? (Siehe MUCH, Was ist das Leben? 1929.) Ist es so, daß der Organismus aus eigenen Kräften auch solche nicht ureigene „Verbindungen" ständig autokatalytisch zu erneuern vermag, oder sollten die Unterschiede in der Dauer des Gefeitseins gegen gewisse Infektionskrankheiten nach überstandener Krankheit oder nach entsprechender Serumbehandlung darauf beruhen, daß in dem einen Falle „eingedrillter Immunität" der Antikörper schon nach wenigen Tagen aufgezehrt ist, in einem anderen aber als individuelle chemische Molekel durch Jahrzehnte erhalten bleibt, ein „Bereitschaftskatalysator" von ganz hartnäckiger Art, der nur noch von ganz „zeitlosen" Katalysatorstoffen der Erbfaktoren übertroffen würde?

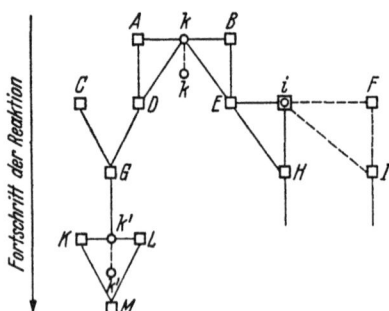

[41] Den Anfang einer Reaktionsverzweigung unter Beteiligung eines Katalysators deutet folgendes auf das Äußerste simplifizierte Schema an: □ A, B, C = reagierende oder erzeugte Stoffe; ○ k = Katalysator; ⊡ i = Induktor. Die durch Reaktionskopplung realisierte Reaktion ist durch Strichelung angedeutet; desgleichen das Sichauswickeln des Katalysators für neue Bereitschaft. G = Muttersubstanz des Katalysators k'.

[42] Man denke an den verwickelten Weg von der Stärke mit der Amylase oder Diastase (die mehrere nacheinander wirkende Enzyme vereinigt) zur Maltose und von dieser mit der Maltase zur α-Glykose; von dieser aber gegebenenfalls weiter nach dem von NEUBERG aufgedeckten komplizierten Schema mittels Zymase und Carboxylase, etwa über Methylglyoxal, Brenz-

traubensäure und Glycerin usw. zu Alkohol und Kohlensäure; oder an den Atmungsvorgang mit der Wirkungsverkettung des Hämochromogens (WARBURG) und den Komponenten des KEILINschen Cytochroms (WARBURG, Naturwiss. 1934, 441).

[43] Hier eröffnet sich das weite Gebiet der „Bioelektrik" des Nervensystems; vgl. FORELS Nervenwellen (Neurokyme) sowie „Ruhe- und Aktionsströme" und die „BERGERschen Schwingungen" cerebralen Ursprungs; W. KÖHLER, Forschgn. u. Fortschr. 1934, 168; BERGER, Naturwiss. 1935, 121; ferner P.WEISS (Resonanztheorie); BETHE („Plastizität"); GOLDSTEIN u. a.

[44] In bezug auf das biologische Feld s. auch BERTALANFFY u. RUDY; sowie CHILDS „axial gradients" als Faktoren der Lokalisierung. Hinsichtlich der von GURWITSCH beobachteten *„mitogenetischen Strahlung"* als einer von in lebhaftem Stoffwechsel befindlichem Zellgewebe erzeugten, vom lebenden Gewebe absorbierten und für das Wachstum verwerteten Strahlungsart s. WEISS, Aus den Werkstätten der Lebensforschung, 1931, S. 31 ff.; ferner BERTALANFFY 1932.

[45] „Wie bringt die Natur es fertig, von den zahlreichen möglichen Reaktionen gerade die passende auszuwählen? Ein Stück der Antwort auf diese Frage gibt uns die Untersuchung der Katalyse." Aber weiter: „Die große Frage bleibt, woher es kommt, daß der Organismus gerade immer die passenden Katalysatoren einsetzt" (BAVINK). „Die gedankliche Nachbildung des Spieles der Fermente bleibt ein Ding der Unmöglichkeit" (WINTERSTEIN). Es wird dabei wohl immer für den Menschengeist folgendes Dilemma bestehen: Damit Leben existiert, sind Katalysatoren gleichwie das ebenso rätselhafte Protoplasma nötig; Biokatalysatoren aber werden nur vom lebenden Organismus erzeugt. Wo ist die Möglichkeit einer höheren Synthese? —

[46] „Wissenschaft ist jeder Versuch, Tatsachen in Gedanken in eine logische Ordnung zu bringen." „Die Welt ist so beschaffen, daß sie mittels rationaler Begriffe in rationalen Urteilen (Gesetzen) in sich steigernder Annäherung erkannt werden kann, und sie schreibt den Weg dieser Annäherungen selber dem erkennenden Verstande vor" (BAVINK). — Naturwissenschaft ist nicht ohne die Voraussetzung einer gewissen „Begreiflichkeit der Natur" im Sinne einer Gleichförmigkeit im Wechsel des Geschehens, also nicht ohne eine Ordnungsvoraussetzung der Naturwirklichkeit zu treiben (HELMHOLTZ, J. ST. MILL, UNGERER). LOTZE: „Das Sein der Dinge löst sich auf in lauter Geschehen und ist ein Stehen in Beziehungen. Das „Gesetz" ist im Grunde nur das konstante Wesen des Wirklichen und seines Tuns, wächst aber leicht in unseren Händen und erscheint dann fälschlich als an sich gültige Wahrheit, die der Wirklichkeit voraus ginge und dem das Seiende zu gehorchen habe. Wahrheiten sind nicht, sie gelten nur." BOUTROUX: Gesetze haben nur bestimmte Kontingenz der Geltung, nicht strenge Notwendigkeit. WUNDT: Naturgesetze sind nicht Vorschriften, der Natur von außen gegeben, sondern ihr selbst immanent, zugleich Zeugnisse einer Einheit von Denken und Sein. PAULSEN: Der Glaube an das Naturgesetz ist uns der Glaube an unsere Vernunft. WINTERSTEIN: Die Welt ist nur einmal da, Wiederholungen sind im Gedanken. — Nach RIEMANN ist Naturwissenschaft der Versuch, die Natur durch „genaue

Begriffe", nach HERTZ sie durch „Bilder" aufzufassen; nach MACH, sie schematisch nachzubilden und dadurch verstandesmäßig und im Handeln zu beherrschen; STEINMANN spricht von „Kennzeichnen mit Deuten". Jedoch (nach WINTERNITZ): Es ist zu bedenken, daß nicht nur unsere Vernunft ein Teil der Natur ist, sondern daß auch die Natur irgendwie an der Vernunft teilhaben muß. (So betrachtet ist das Erkennen dem Begriff der Wirkungszusammenhänge der Welt unterzuordnen: KOTTJE.)

[47] Es erscheint paradox, daß bei der Abbildung der Wirklichkeit durch *mathematische* Symbole gerade die niedere Mathematik viel trügerischer ist als die höchste Mathematik eines LEIBNIZ, NEWTON, MAXWELL und der neuen Quantenmechanik. Irreführend erscheint schon die algebraische *Summenformel,* indem es wohl nirgends in der Natur zwei Dinge gibt, die *aneinandergebracht,* dann *dynamisch* wirklich nur die Summe dieser zwei einzelnen Dinge wären, und nicht noch etwas mehr und etwas anderes dazu; und ähnlich gibt es wohl in der Elektrizitätslehre kein mathematisches Symbol, das *sachlich* so wenig zuträfe wie die Bezeichnung der beiden Elektrizitätsformen als $+$- und $-$-Elektrizität; bestehen doch tatsächlich zwischen beiden — vor allem in der Dynamik elektrischer Elementarprozesse — so starke Unsymmetrien (verschiedenes Verhalten von Elektron und Positron, Fehlen eines „Anti-Protons" und damit eines „Anti-Atoms"), daß man vielleicht gut täte, dann und wann einmal die beiden Elektrizitätsformen unter einem anderen Bilde, etwa dem einer X- und Y-, oder einer männlichen und weiblichen Elektrizität, zu denken!

[48] Hinsichtlich Kausalität vgl. WUNDT, PH. FRANK, DRIESCH, N. HARTMANN, SCHLICK, CARNAP, RUSSELL, K. E. RANKE u. a. JOËL: Alle Kausalität ist erst durch die Perspektive des zwecksetzenden Wollens gesetzt. SCHRÖDINGER: Experimentell wird sich nie entscheiden lassen, ob es Kausalität in der Natur gibt oder nicht. LOTZE unterscheidet „Erzeugungsursachen" von „Bedingungen": „Die Zustände des Einen sind die wirksame Bedingung für die Veränderung des Anderen." BAVINK (S. 190): Es handelt sich um Aussagen über Koexistenzen oder Sukzessionen von Erscheinungen oder Erscheinungsgruppen, die als *notwendig* vorgestellt werden und die mit einem nichtumkehrbaren Richtungssinn Ursache → Wirkung behaftet sind (zum Unterschied gegenüber bloßen funktionalen Zusammenhängen umkehrbaren oder gegenseitigen Charakters, in Mathematik und Physik). Der „Bedingungskonstellation" VERWORNS entspricht der „Ursachenkomplex" von ROUX (der die Teilursachen minutiös aufspaltet) und die „Systemkomplikation" von O. KOEHLER. Die neuere Physik spricht von „Randbedingungen", die „der klassischen Physik fremd waren" (PLANCK), die Biologie von „Systembedingungen", die „erhaltungsgemäß" sind (M. HARTMANN). DRIESCH nennt „Vollursache" die Gesamtheit (Konstellation) von Faktoren, die erfüllt sein muß, damit ein Ereignis eintritt, Ursache im eigentlichen und engsten Sinne die „letzte Veränderung", die sich ereignen muß, damit das Ereignis wirklich abläuft (auslösende Ursache, Anstoß, Reiz). (Eigentliche Ursache eines Formbildungsprozesses ist z. B. dasjenige Geschehen, von dem seine Lokalisation abhängt.) Als besondere Formen der Kausalität werden genannt: Dingschöpfung und Veränderungschöpfung.

Anmerkungen II.   107

⁴⁹ Nach NERNST (Gültigkeitsbereich von Naturgesetzen, 1922) sagt das Kausalitätsgesetz in seiner strengsten (fiktiven) Form *für die Natur* aus, daß „bei gleichartigen Anfangsbedingungen zwei verschiedene Systeme auch einen gleichen Verlauf ihrer Änderungen zeigen"; unsere wirklichen Naturgesetze aber haben nur statistischen und provisorischen Charakter, wobei es fraglich ist, ob der menschliche Geist die Fähigkeit besitzt, die Naturprozesse „bis in die letzten Einzelheiten zu durchschauen". Nur eine streng mathematische Formulierung ermöglicht genaue Prüfung, so daß biologische Gesetze, z. B. der Entwicklung und der Vererbung, weil qualitativ oder beschränkt quantitativ, nur *Regeln* darstellen; eine „logische Überbeanspruchung" der Naturgesetze führt irre.

⁵⁰ Wie wenig angemessen es ist, das *Kausalitätsprinzip*, zumal in den biologischen Wissenschaften, in das enge Bett einzelner physikalischer Begriffe, z. B. der Energie, zu pressen (bei aller Unentbehrlichkeit der Energetik selbst, s. RUBNERS und ZWAARDEMAKERS Stoffwechsel-Energetik), ist öfters ausgesprochen worden. REINKE: „Richtunggebung ist nirgends Energiegesetze verletzend; Transformatoren von Energie sind nicht selbst Energie. Wir müssen nichtenergetische Kräfte zulassen, die wirken, ohne dabei mechanische Arbeit zu leisten" („Dominanten"; s. auch S. 15). DRIESCH: „Das energetische Schema ist leer und wenig besagend." O. LODGE: „Lenkung von Materie kann geschehen, ohne daß dabei Arbeit geleistet wird." Von WOLTERECK wurde für energetisch indifferente Richtungsanweisungen, die vom Protoplasma ausgehen, der Ausdruck „bilanzfreier Impuls" geprägt (von BAVINK beispielsweise auf die Hormone angewendet).

⁵¹ In der Welt des Physischen gibt es nur zwei Hauptmöglichkeiten, daß „kleine Ursachen große Wirkungen" haben: die richtunggebende Veranlassung von Vorgängen durch Stoffe (Katalyse, einschließend die Fälle der Kettenreaktion bzw. „Lawinenreaktion") und die Auslösung oder Induktion von Vorgängen durch Energieimpulse (s. das Schema S. 17). Alles weitere, der Akt der chemischen Verbindung selbst und die Energieumsetzung, folgt Gleichheitsbeziehungen. Die *mechanistische* Ursache aber — auf die der „universale Geist" von LAPLACE einseitig festgelegt werden sollte — stellt nur einen kleinen Ausschnitt aus der Fülle aller Kausalitätsmöglichkeiten dar. So geht auch der von P. JORDAN ausgesprochene Satz, daß „bei dirigierenden Reaktionen keine Kausalität vorhanden" sei, von einem zu engen Kausalitätsbegriff aus. „Katalytisch heißt eine Kraft, sofern sie mit der gedachten Wirkung in keinerlei Beziehung (d. h. Gleichheitsbeziehung) steht." R. MAYER 1867. S. auch O. KOEHLER: „Gefunden wäre ein *Stoff*, eine causa, wirksam allein im doch wieder nur konstruktiv synthetisch überschaubaren Systemgefüge des gestalteten Ganzen."

⁵² Vgl. PLANCK („Die Kausalität in der Natur"): „Wir nähern uns dem Kausalitätsbegriff am sichersten, wenn wir ihn in Verbindung bringen mit unserer in täglicher Erfahrung erworbenen und erprobten Fähigkeit, zukünftige Ereignisse vorauszusagen". Dabei gibt es auch in der strengen Wissenschaft beim Vorhersagen alle Grade der Wahrscheinlichkeit, von praktisch vollkommener Sicherheit (daß morgen die Sonne wieder aufgehen wird) über recht unbestimmte Voraussagen (z. B. der Meteorologie) bis zu den verschwindend geringen „Wahrscheinlichkeiten", wenn es sich

um Aussagen über das Schicksal des Einzelindividuums zumal im Mikrogeschehen handelt: einzelne Photonen, Elektronen, Atome und Molekeln, Samenzellen usw. Hier führt die statistische Methode zum Ziel, wobei aber im Falle statistischer Gesetze „im Hintergrunde doch immer eine dynamische, kausale Gesetzmäßigkeit anzuerkennen ist" (REINKE). Über eine Erweiterung des statistischen Prinzips auf alle Naturgesetzlichkeit s. REICHENBACH, v. MISES u. a., auf biologische Prozesse insbesondere auch H. FREUNDLICH (z. B. „Wahrscheinlichkeitsschwankungen" im Chromosomen-Geschehen bei der Vererbung); SCHRÖDINGER, Naturwiss. **1935**, 807 ff.

[53] In der populären Literatur wirken freilich derartige Begleiterscheinungen von Erschütterungen des physikalischen Weltbildes oft dann noch lange nach, wenn in der Wissenschaft die „Akausalität" längst brüchig geworden ist; namentlich in unberechtigter Extrapolation auf das psychische Geschehen, das, wenn auch an Physisches geknüpft, doch in seiner eigenen Weise (richtungsgemäß) kausal bedingt ist. „Die Unmöglichkeit, auf eine sinnlose Frage eine Antwort zu erteilen, darf nicht dem Kausalgesetz als solchem zur Last gelegt werden." „Auch im Weltbild der Quantenphysik herrscht Determinismus, nur sind die Symbole andere und die Rechenvorschriften" (PLANCK).

[54] S. dagegen P. JORDAN, Naturwiss. **1932**, 815; Forschgn. u. Fortschr. **1935**, 34; „Quantenmechanik und die Grundprobleme der Biologie und Physiologie": Da im Organischen das Wesentliche des Geschehens noch mehr im Mikrogebiet liegt, soll hier noch mehr „Akausalität", „der freie Wille" herrschen. (Vgl. auch REICHENBACH, 1932, über die Möglichkeit des Übergreifens der Unbestimmtheit einzelnen atomaren Geschehens in das Makroskopische.) Man kann hier wohl fragen, ob nicht die Physik mit einer Schlußfolgerung von gewissen „akausalen" Beobachtungen im Mikrogeschehen denselben Fehler rückläufig begeht, der einer früheren Physik mit ihrer unmittelbaren Übertragung physikalischer Begriffe vom Makrogeschehen ins Mikrogeschehen mit Recht vorgehalten wird; und wenn von bestimmter Seite (PERRIN; s. BAVINK) auf Grund exaktester Wahrscheinlichkeitsrechnung allen Ernstes ausgeführt wird, daß einem genügend lange ausharrenden Maurer im dritten Stock eines Bauwerks doch im Verlauf von $10(10^{10})$ Jahren (eine 1 mit 10 Milliarden Nullen) einmal ein Ziegelstein vom Erdboden in die Hand fliegen könne, so darf man meinen, daß derartige „Extrapolationen" nicht viel mehr Wert besitzen als die fragwürdigen „ontologischen Beweise" älterer Epochen. Auf alle Fälle erscheint Vorsicht geboten, zumal da die gehäufte Erfahrung von Jahrhunderten nirgends beglaubigte Überlieferung von Ereignissen nach Art des gedachten „Ziegelsteinwunders" aufzuweisen hat.

[55] „Auch auf den dunkelsten Gebieten (z. B. Vererbungslehre) kommen wir immer mehr zur Annahme streng kausaler Beziehungen" (PLANCK). MEYERHOF: „Die statistischen Gesetzmäßigkeiten, wie in MENDELS Vererbungslehre, folgen aus dem Zusammenwirken kausaler Einzelprozesse." „Wir können Statistik oder Theorie des Zufalls nur treiben, wenn wir annehmen, daß der Einzelvorgang streng gesetzmäßig verläuft" (REINKE). „Letzten Endes hängt alles in der Welt zusammen" (BERTALANFFY).

[56] KANT: „Ein Ding seiner inneren Natur halber als Naturzweck be-

urteilen, ist etwas ganz anderes, als die Existenz dieses Dinges für Naturzweck halten." (Über das Verhältnis von DRIESCHS Zwecklehre zu KANT s. HEINICHEN, Kant-Festschrift 1924, S. 69.) Schon in der Physik, im Unbelebten, ist finale Auffassung als „Fiktion" gebräuchlich und zulässig; vgl. z. B. den Satz bei ZIMMER, Umsturz im Weltbild der Physik, 1934, S. 107: „Die energieärmeren Planeten werden vom Zentralgestirn auf engeren Kreisen festgehalten, in denen sie sich durch schnellere Bewegungen vor dem Hineinstürzen in den Sonnenball schützen." Für das Reich der Lebewesen aber besteht ein innerer Zwang, Zielursächlichkeit anzunehmen, und zwar um so mehr, je tiefer die Forschung eindringt. „Nicht daß ein Vorgang zum Ziele führt, sondern daß er zu einem Ziele strebt, ist das Wesentliche des Zweckbegriffes" (G. WOLFF). WIESNER: Zur Charakteristik wahrer Entwicklung gehört ein Ziel, nicht aber ein Zweck. STEINMANN: Wir können das Naturgeschehen prospektiv nach zu erreichenden Zielen und retrospektiv nach verursachenden Faktoren betrachten, indem wir unser Wollen und dessen Motive zum Vorbild nehmen für jene Agenzien, die das Geschehen kausalteleologisch bestimmen. S. auch DRIESCH, UNGERER, LOESER u. a.

[57] „Alle großen Forscher sind im tiefsten Herzen Teleologen gewesen" (STEINMANN). Schon elementare biologische Begriffe, wie „Funktion" („welche dem Ganzen nützt": ROUX), „Reaktion" und „Handlung" sind teleokausaler Art. Besonderes Interesse finden die „primären", d. h. erstmalig und ohne Beteiligung des Bewußtseins sich vollziehenden Zweckvorgänge, wie die experimentelle Regeneration der Salamanderlinse (siehe G. WOLFF), für die in der freien Natur nie Bedarf wäre. „Die Ursache jedes Bedürfnisses eines lebenden Wesens ist zugleich die Ursache der Befriedigung des Bedürfnisses" (E. PFLÜGER). Unstimmigkeiten ergeben sich erst, wenn man sich versucht fühlt, menschliches Wollen und Streben allzu anthropistisch in die Natur hineinzuverlegen und so die „zweckbestimmende Ursache" zu objektivieren und personifizieren. — Instruktive Beispiele von „Zielstrebigkeiten" als „Unwahrscheinlichkeiten" hohen Grades, z. B. beim Auge, gibt BLEULER (s. BERTALANNFFY 1932). Weiter liest man beispielsweise im physiologischen Schrifttum (BECHHOLD, SCHADE u. a.): Der Organismus bemüht sich auf das äußerste, die kolloide Form zu bewahren. — Er ist auf das ängstlichste besorgt, die Neutralität zu erhalten, da jede Abweichung den Quellungszustand der Gewebe beeinflussen und zu schweren Störungen Anlaß geben kann. — Die Ionen des Blutserums und der Gewebssäfte haben die Aufgabe, den Kolloidzustand des Blutserums und der Gewebssäfte (des Zellen- und Gewebseiweißes) in seiner optimalen Art zu erhalten (Eukolloidität als normaler Quellungs- und Dispergierungszustand). — Bindegewebe (kollagene Fasern) und die Grundsubstanz der Organzellen stehen in bezug auf den Quellungszustand antagonistisch in einer Art Symbiose, einem Regulationspendel vergleichbar. — Der Organismus hält sich „in wunderbarer Konstanz" in der Nähe des isoelektrischen Punktes, wo die geringste Stabilität und die leichteste Beeinflußbarkeit und Regulierbarkeit vorhanden ist, Regulierbarkeit in bezug auf Isoionie, Isotonie (und gegebenenfalls Isothermie), die mehrfach gesichert sind. — Dem Reticuloendothel sind „Abwehrkräfte" gegen

Bakterien und Toxine eigen (ASCHOFF). Die Niere sorgt auf das schärfste dafür, daß der Organismus immer seine Zusammensetzung behält (KREHL). Usw. usw.

[58] Als ein akzessorisches Merkmal des Ziel- und Zweckhaften sei noch die in der Regel gegebene *Wiederholtheit* des gleichen Vorganges zu einem erfolgbringenden Gesamtgeschehen bemerkt. Ein einmaliges Ereignis, auch wenn es „Werte" vermittelt (wie der oben gedachte Meteoritenfall oder ein Lotteriegewinn), wird nicht als „zielstrebig" und zweckvoll, sondern als „zufällig" angesehen, wohl aber eine regelmäßige Wiederholung, z. B. der tägliche Sonnenaufgang und der Dauerrhythmus des Herzens.

[59] KANT: „Wieviel tut der Mechanismus zur Erreichung von Zwecken?" MEYERHOF: „Das Entstehen des Organismus ist für die empirische Forschung unzugänglich wie die Entstehung des Makrokosmos; das macht eine teleologische Betrachtung als heuristisches Prinzip nötig." O. KOEHLER: „Ordnung und Planung ist, wenn zwar nie restlos kausalanalytisch erklärbar, doch jedenfalls synthetisierend beschreibbar." — Schon wenn man jene „kausalanalytische Erklärung" rein „geometrisch" durchzuführen, d. h. die *Ortsveränderungen* aller kleineren und kleinsten „Teilchen" des Organismus während seines Daseins auf ihren vielfach verschlungenen — und „aufgezwungenen" — Pfaden zu verfolgen sucht (Lokalisations- und Schichtungsproblem; Aggregation und „Zyto-Architektonik"), wird die Notwendigkeit einer Ergänzung durch teleologische Ordnungszusammenfassung deutlich sichtbar. Dysteleologische Eindrücke aber entstehen, wenn ein Teil des Organismus Selbständigkeit gewinnt und „selber ein Ganzes sein will" (UNGERER). Als oberstes biologisches Ziel erscheint nach V. FRANZ (Naturwiss. **1935**, 698) die „Vervollkommnung" als eine Synthese von Differenzierung und Zentralisation.

[60] Der Begriff des „Ganzen" wird von KANT definiert als „Einheit einer Mannigfaltigkeit unter der Idee eines Zweckes". LOTZE sagt, daß jeder Teil des Ganzen mit Unzähligem in gleicher Entfernung von den ersten Gründen und in der Möglichkeit der Wechselwirkung (im unendlichen Einen) steht. LODGE: „Aggregate" können im Besitz von Eigenschaften sein, die in den „Teilen" auch nicht im geringsten Grade existieren. — Bei SPENCER tritt die Ganzheit als Korrelation („Integration") auf. Sehr eingehend ist der Begriff der Ganzheit außer in der Volkswirtschaft (OTHMAR SPANN) vor allem in der Psychologie (KRÜGER), als Reaktion auf die Assoziationspsychologie, sowie in der Biologie entwickelt worden, wobei deutlich zwei Hauptbedeutungen auftreten: Ganzheit im niederen Sinne (dem Sprachgebrauch sich eng anschließend) als „Korrelation" von Gleichzeitigem (z. B. „Querverbindungen" der Retina) und Ganzheit in höherem Sinne als umfassendere „Wohlordnung" von Vorgängen und Funktionen, die auch Kausalität, Finalität, Harmonie, Hierarchie und Synergie in sich faßt. („Figur und Hintergrund": GOLDSTEIN.)

[61] Über der weitgehenden begrifflichen „Zerteilung" von Stoff und Energie (auch Strahlung) kann nicht übersehen werden, daß als Voraussetzung einer Wechselwirkung sicher das Kontinuum, das Ganze, das Primäre ist und das Einzelne, das „diskrete Teilchen", das Quant, das Atom nur Produkt begrifflicher Differenzierung und Abstraktion behufs mathe-

matischer und logischer Beherrschung. Das elektrische Feld, das Strahlungsfeld, das „Biofeld", das Psychofeld und eine „Feldkausalität" mit ihren Zusammenhängen dürften das Wesentliche und Ursprüngliche sein, die *auswechselbaren* letzten Teilchen mit ihrer oft angenommenen „Punktkausalität" (oder die „Wirkungsquanten") aber das Abgeleitete, Sekundäre. (Zu einer jeden Korpuskel gehört ein Führungsfeld für künftige energetische „Inkarnation": WENZL.) Wird ja doch z. B. im erwachsenen menschlichen Organismus kein ursprünglicher einzelner „Baustein" von dem mehr vorhanden sein, was einst der Neugeborene an C-, H-, N-Atomen u. dgl. „besessen" hat, sondern alles durchweg im „Stoffwechsel" „ausgewechselt", ohne daß das Kontinuum des Gedächtnisses und des Ich-Gefühls als die im Wechsel beharrende „Form" Schaden gelitten hat. „Im Bioorganismus ist der Zustand alles, der Stoff als solcher nichts" (MUCH).

[62] MUCH: „Ganzheit ist Ordnung verschiedenartiger Erlebnisse zur Einheit durch das Lebendige." (Bild der Symphonie.) V. GOLDSCHMIDT versucht, die Ganzheit als „Harmonie" (Farben, Töne usw.) mit einheitlichem Zahlengesetz der „Komplikation" durchzuführen. Bei „Aggregaten" können ganz neue Eigenschaften auftreten (O. LODGE). Nach G. WOLFF ist Ganzheit = Gliedlichkeit, Zweckverband. FR. M. LEHMANN unterscheidet nach KANT eine „mathematische Idee" (Summation) und eine „dynamische Idee" (Organisation, Synergie) als Grundlage (Kategorien) einer „Synthesis des Mannigfaltigen". S. weiter J. REINKE, GURWITSCH, HEIDENHAIN (Syntonie, z. B. als Kern-Plasma-Relation nach R. HERTWIG, und Histosysteme), HALDANE; „Hierarchien" nach MORGAN, WHITEHEAD, WOODGER, OLDEKOP; P. WEISS (Resonanztheorie), A. MEYER (Holismus: „Holistisches Denken geht immer von komplexen Ganzheiten aus"); ALVERDES (Totalität), W. KÖHLER (Physische Gestalten), DRIESCH (Ganzheitsbezogenheit), BERTALANFFY (Systemgesetzlichkeit) usw. S. auch PLANCK über Ganzheit im Physikalischen: Der Satz muß fallen, daß alle physikalischen Vorgänge sich darstellen lassen als eine Aneinanderreihung von einzelnen lokalen Vorgängen. Ferner SCHRÖDINGER: Gestalteigenschaften des zeiträumlichen Verlaufes. — Eine umfassende Übersicht findet sich bei O. KOEHLER, Das Ganzheitsproblem in der Biologie, 1933, von dem Gedanken beherrscht, daß schon im Physischen die Ganzheit verfolgbar verwirklicht ist und nicht erst durch ein fremdes ganzmachendes Agens erzeugt werden muß. „Gestaltete Ganzheit besteht im harmonischen Ineinandergreifen ineinanderverfilzter Kausalketten." Und BERTALANFFY: „Je mehr wir die physikochemischen Zusammenhänge kennenlernen, desto mehr erkennen wir die Geordnetheit zur Erhaltung des Ganzen."

[63] Hinsichtlich der Definition des *Zufalls* s. auch LOTZE: „Zufällig" bedeutet alles, was nicht als Naturzweck, sondern nur als unvermeidliche Konsequenz der Mittel und Gesetze gilt, mit denen die Natur in jedem Augenblick verfährt. v. BAER: Zufall ist ein Geschehen, welches mit einem anderen Geschehen zusammentrifft, mit dem es nicht in ursächlichem Zusammenhang steht." BERTALANFFY: „Zufall wird konstatiert, wenn zwischen den Endpunkten zweier Kausalreihen kein innerer Zusammenhang besteht." — Dabei ist die jeweilige Nötigung zur Annahme „reinen" Zufalls oft selber wieder gewissermaßen „Zufall". „Zufällige" und be-

deutungslose Wirkungen, z. B. Mutationsschritte, können unter neuen Verhältnissen, d. h. Änderungen der Umwelt, „zweckmäßig" werden. „Primäre Indifferenz von Charakteren kann sekundär in eine biologische Bedeutung umgewandet werden" (G. JUST, Verh. dtsch. zool. Ges. 1934, 126). (Von „organisiertem" und „konserviertem Zufall" zur Erklärung von Naturzwecken zu reden (ZUR STRASSEN), erscheint jedoch als eine sehr unzweckmäßige Ersetzung des Ausdruckes „ganzheitliche Zielstrebigkeit" durch einen Ausdruck von gegenteiligem Sprachgebrauch!)

[64] Ein Ding, als Naturzweck, ist nach KANT ein „organisiertes und sich selbst organisierendes Wesen". Organismen sind als veränderliche und in der Veränderung beharrende historische Wesen (BOVERI) mit „historischer Reaktionsbasis" (DRIESCH) anzusehen; oder als „emergent hierarchy" von „natural-entities" (C. L. MORGAN). Als ein Grundgesetz erscheint die „Syntonie" (HEIDENHAIN), verwirklicht in einer „Enkapsis" (Einschachtelung) verschiedener Histosysteme von ungleicher Art und Mannigfaltigkeit, mit korrelativen Beziehungen, oft „über große Entfernungen", im Ursprung fußend auf einer bestimmten Kern-Plasma-Relation der Keimzelle und dem Vermögen einer „Synthese im Lebendigen", wobei, vom Keim beginnend, „die besonderen Bestimmungen" sich erst im Laufe der Ontogenese der Reihe nach ergeben, „als die Wirkung von Kräften, die in bestimmter Abfolge sich entbinden (Epigenesis), einem allgemeinen Plane oder „Kanon" folgend. (Vgl. schon LOTZE mit seiner „schrittweise vor sich gehenden Bedingtheit der Entwicklung".)

[65] Es ist bemerkenswert, daß BLUMENBACH seinen „nisus formativus" (1787) nicht als Ursache, sondern als „Effekt", d. h. als Bezeichnung für die Gesamterscheinung gefaßt haben will, vergleichbar der „Gravitation" und „Attraktion" und darnach ebenso brauchbar wie jene Begriffe. Die „abgegriffene" Münze „Lebenskraft" ist dann durch andere Wortzeichen, wie Richtkräfte (E. v. HARTMANN), Integrationstendenz (SPENCER), élan vital in einer „durée créatrice" (BERGSON), diaphysische Kräfte (REINKE), Gestaltungstrieb, Urwille als Weltprinzip, Spontaneität, Morphästhesie, schöpferische Aktivität, irrationales organisatorisches Prinzip, zwecktätig schaffende Potenz, hippokratische Physis, Präpotential als Urgrund (SIHLE), höhere Führungsfelder vom Seinsrang der Potentialität (WENZL), Prinzip der Progression, Ganzheitskausalität als „Erhöhung sichtbarer Mannigfaltigkeit aus inneren Gründen" (DRIESCH) usw., abgelöst worden. „Wir brauchen uns nicht zu scheuen, die Umwelt in anthropomorphem Lichte zu schauen. Unwahr und falsch wird das Weltbild erst, wenn wir ihm objektive Gültigkeit beimessen wollen" (STEINMANN).

[66] Schon in der anorganischen Katalyse werden der „Lebenskraft" vergleichbare, aus finaler Betrachtung hervorgehende, anthropomorphe Bezeichnungen, wie „bestimmen, richten, lenken", da unvermeidlich angewendet, wo ein Katalysator von verschiedenen möglichen Reaktionsweisen *eine* „bevorzugt" (z. B. bei der katalytischen Ammoniakoxydation; s. auch S. 4). Der Organismus aber erscheint (nach REINKE) als „ein geordnetes energetisches System, in dem gewisse Richtungen und Umwandlungen der Energie den Vorzug haben vor anderen". (Ähnlich auch HAERING mit Betonung richtender und ordnender]Kräfte.) Nach GUR-

WITSCH ist das Ei das Residuum aller Bahnarten des Individuums, die Zelle ein Verdichtungspunkt für die Bahnen, der Organismus ein Wirkungsfeld mit einer unendlichen Mannigfaltigkeit konfigurierter Bahnen von stofflicher Besetzung. — Die oft vergleichsweise herangezogene reiche Formbildung der Krystalle samt ihrer überraschenden Beeinflußbarkeit schon durch spurenhaft vorhandene Begleitstoffe (s. RETGERS, DOELTER, RINNE, V. GOLDSCHMIDT u. a.) bleibt doch immer auf einer niedrigeren Mannigfaltigkeits- und Beweglichkeitsebene zurück, und wenn heute z. B. Baumwollfaser als „krystallinisch" erkannt ist, so ist dies doch eine Krystallinität besonderer Art und inmitten anderer veränderlicher Gebilde.

[67] Geochemisch definierte HERLINGER das Leben als „Intermezzo des Kohlenstoff-Kreislaufes im Verwitterungsbereich" (Fortschr. Miner. 1927, 253). Ganz anders wirklich biologische oder auch philosophische Umschreibungen. KANT: „Leben heißt das Vermögen einer Substanz, sich aus einem inneren Prinzip zum Handeln, einer endlichen Substanz, sich zur Veränderung, und einer materiellen Substanz, sich zur Bewegung oder Ruhe, als Veränderung ihres Zustandes, zu bestimmen." Nach DRIESCH (Philosophie des Organischen) ist der lebende Organismus „ein aus organisch-chemischen Stoffen weniger Gruppen bestehendes, im Stoffwechsel stehendes, sich entwickelndes materielles System von anfangs niedrigstufiger, im Endstadium hochstufiger Mannigfaltigkeit, welches der adaptiven und restitutiven Regulation fähig ist und in seinem gesamten Werden, sei dieses evolutiv, funktionell oder regulativ, einer Gesetzlichkeit vom Typus der Ganzheitskausalität untersteht". M. HARTMANN: „Lebewesen sind historische Wesen." Oder BICHAT-STAHL: „La vie est l'ensemble des fonctions qui résistent a la mort." Ganz aphoristisch: „Alles Leben ist Raub" (HEBBEL); „Leben ist Risiko" (LOESER). (Für ein Eindringen in das Wesen des Lebens und seiner Kontinuität bedeutet es eine zusätzliche Erschwerung, daß die Anfangsstadien des individuellen Lebens sich langsam und stetig vollziehen, während das Ende ziemlich abrupt und plötzlich erscheint.)

[68] Vgl. PFLÜGERs „lebendiges Eiweiß", VERWORNs „Biogen" usw.; zur Kritik lebensstofflicher Vorstellungen s. auch WINTERSTEIN, REINKE, DRIESCH, BERTALANFFY u. a. „Die Sonnenstrahlen schaffen nicht lebende Substanz, sie schaffen nur Zucker; Corpuscularvorstellungen aber sind nur Symbole dynamischer Beziehungen, und der materialistische Vitalismus, der mit Mionen, Protomeren u. dgl. arbeitet, ist abzulehnen" (REINKE). — Eine wirklich *dynamische* Betrachtungsweise erfährt durch das unentbehrliche Wort „*Zusammensetzung*" die größten Erschwerungen, indem man nur zu sehr geneigt ist, zunächst in der Chemie und dann auch in der Biologie einen wirklichen „*Aufbau*" aus lauter einzelnen „Elementen" nach Art kindlichen Spieles mit Baukastenklötzchen (PAULSENS „Wirklichkeitsklötzchen") anzunehmen. Schon „Atom" und „Molekel" sind in Wirklichkeit aus Elektronen und Protonen usw. nicht „zusammengesetzt" (wie bereits die Energieverhältnisse zeigen), sondern nur mehr oder minder reversibel aus solchen „erzeugbar", und das Bild der „Zusammensetzung" und „Verbindung" ist (bei aller Unentbehrlichkeit und allen Erfolgen in der Atom- und Strukturchemie!) strenggenommen unzutreffend, weil allzu äußerlich

gehalten. (Nach HEGEL ist „Zusammensetzung" die „äußerlichste und schlechteste" Ganzheitsform. „Unsere Logik aber ist die der festen Körper": DACQUÉ. Vgl. auch PANETH, Über die erkenntnistheoretische Stellung des chemischen Elementbegriffes, Schrift. Königsb. Gel. Ges. **1931**.) Noch mehr gilt das von den höheren „aggregativen" Ganzheiten, von Protomeren und Micellen bis zum „Organismus", wobei es dem Verstande immerhin „umständlich" ist, die „Vorstellung" zu „fassen", daß das „Glied" nicht eigentlich ein „Teil" des Ganzen ist, sondern etwas anderes, schwer im Begriff „Darstellbares" und „Faßbares". (Man beachte die durchweg mechanistische Urbedeutung der Worte!) „Das Leben fängt wohl da an, wo die chemische Definiertheit aufhört" (BAVINK).

[69] Wenn KANT den Begriff der „lebenden Substanz" als einen logischen Widerspruch in sich bezeichnet, so wäre doch der Einwand einer für die Konstatierung dieses Widerspruches präformierten Definition möglich. Wichtiger erscheint die Tatsache der durch die Erfahrung von Jahrhunderten gegebenen Unmöglichkeit einer „Urzeugung" von Lebendigem aus Leblosem, also die noch unbeseitigte scharfe Grenze zwischen beiden Gebieten, bei aller Anerkennung modellhafter Nachbildung *einzelner* Lebenserscheinungen im Experiment oder Denken (z. B. PRZIBRAM und RINNE: Krystall-Analogien, O. LEHMANNs flüssige Krystalle, LIESEGANGS rhythmische Niederschlags-Schichtungen, RUNGES und LEDUCS künstliche „Gewächse", Versuche von RHUMBLER, HATSCHEK, BECHHOLD, SPEK u. a. m.). So sieht es tatsächlich aus, als ob man kapitulieren müßte gegenüber der verborgenen Beschaffenheit des Zellprotoplasmas, auf die alle Beobachtungen hindeuten und der noch keine stoffliche Synthese des Chemikers — und es ist ihm in den letzten 150 Jahren so mancherlei in dieser Beziehung gelungen — beikommen konnte. Die Plasmasubstanz als eine hochkomplizierte Ganzheit, tauglich vielleicht für eine Metachemie, setzt wohl auch einen Überchemiker zur vollen Bewältigung voraus.

[70] Eine Denkrichtung, die das „Formgebende" als dem Stoff immanent ansieht, kann dann zu dem Resultat von EDDINGTON kommen, wenn er, von der Bildhaftigkeit physikalischer Erkenntnis ausgehend, mit dem Satze endet: „Der Stoff der Welt ist Geist-Stoff" (The stuff of the world is mind-stuff), in einigem Gegensatz zu O. LODGE: „Materie ist Werkzeug und Träger des Geistes", der den „für sich führerlosen Stoff" leitet; „Materie kann durchtränkt werden mit Leben"; das Wesen des Geistigen aber ist „Absicht und Zweck". — Auf alle Fälle ist Leben eine ursprüngliche Realität, und „Schönheit und Ganzheit sind ebensolche Realitäten wie Energie und Entropie" (SMUTS).

[71] Es geht mit allgemeinen Begriffen leicht wie mit Münzen, die allmählich abgegriffen werden. Da die Begriffe immer nur nachbildende Symbole — letzthin mechanistische Bilder — darstellen, so kann es nicht ausbleiben, daß solche Bilder, wie Maschine, Mechanismus (oder neuerdings z. B.: der Muskel ein „Quellungsmotor"), über das Maß des Zulässigen belastet (d. h. zur Ableitung von Merkmalen benutzt) werden, so daß schließlich Folgerungen resultieren, die mit der Beobachtung in Widerstreit liegen. Statt dann das Bild zu revidieren und in seine ursprünglichen Grenzen zurückzuweisen, ist der Forscher nur zu sehr geneigt, den Wort-

Anmerkungen II.

begriff als alte Münze wegzuwerfen und neue Wortmünzen in Gebrauch zu nehmen — die vielleicht einst das gleiche Schicksal teilen werden. So ist es der „Lebenskraft" gegangen, so dem *für den Anfang* ein brauchbares Bild liefernden Vergleich des Organismus mit einer „Maschine", so dem „psychophysischen Parallelismus", für den man heute lieber Korrespondenz, Komplementarität, „Isomorphierelation", „Schichtung" u. dgl. sagt usw. „Verabredete Wortzeichen sind nicht Tatsachen der Natur" (MAUTHNER).

[72] Leben ist ja nicht Bewegung, sondern erscheint nur in der Form von Bewegung, mit der es die Physik zu tun hat und die ihr am Ende (in der Mikrowelt) doch wieder entschlüpft. SMUTS: „Die Materie hat sich verflüchtigt in Energie und schließlich in das Zeit-Raum-Gebilde, dessen Unstetigkeit die Dinge hervorrufen." Oder: „Matter in the old sense is completely transformed, and immaterial electrons and radiations take its place as the substance of the world." „Das Etwas, das die Welt vom Nichts unterscheidet, ist zugleich Sein und Geschehen, Materie und Energie" (BAVINK). PH. FRANK: Überwunden ist die Vorstellung, alles Geschehen sei nur Bewegung kleiner Pünktchen in einem mehr oder weniger stofflich gedachten Raume (s. WEYLS „Mietkaserne"). „Unbelebter Stoff erscheint als ein ‚Gewebe elektrischer Felder'" (W. KOSSEL). v. MISES: „Was bisher als einfachster physikalischer Vorgang angesehen wurde, die Bewegung eines materiellen Punktes, ist nun etwas sehr Verwickeltes: Repräsentant eines Raum erfüllenden Strahlungsvorganges." Oder PLANCK: „Der bisherige Urbestandteil des Weltbildes, der materielle Punkt, er ist aufgelöst worden in ein System von Materiewellen; diese Materiewellen bilden die Elemente der neuen Welt." Und HEISENBERG: „Jedes Bild, das wir uns vom Atom machen, ist eo ipso fehlerhaft. — Nach N. BOHR sind Gesetzmäßigkeiten der Atome *auch* bestimmend für den Mechanismus der lebenden Wesen, wobei aber „Chemie und Physik zu keinem befriedigenderen Verständnis führen wird als das mechanische Modell". MEYERHOF: „Die letzten Einheiten der Physiologie sind nicht Massenpunkte, sondern die autonomen Lebenseinheiten, die Zelle und ihre Funktion, für die wir in der Welt der Physik nur gewisse Analogien, aber keine Erklärung finden können." — „Geist kann verkörpert sein im Stoff und Leib, aber er ist beiden gegenüber doch zugleich auch transzendent" (O. LODGE).

[73] So sind die großen „mechanistischen" Versuche von WEISMANN und ROUX („Entwicklungsmechanik") ebenso historisch notwendig und fruchtbar gewesen, wie entgegengesetzte vitalistische Bestrebungen, die sich als „Reaktion" eingestellt haben, und wenn es auch richtig ist, daß man sich nicht „jenseits von Mechanismus und Vitalismus stellen kann", so wird doch eine höhere philosophische „Synthese" beider Denkrichtungen nicht unmöglich sein, so daß ein kategorisches „Entweder — Oder" nicht am Platze erscheint. Vielmehr wird man beide Stellungnahmen (in geläuterter Form) als Grundlage ungleicher Arten forschender Fragestellungen an die Natur, anders gesagt als verschiedene antinomistische „Fiktionen" (VAIHINGER, J. SCHULTZ) oder als verschiedene Denkmethoden würdigen, die jede an ihrer Stelle Nützliches leisten kann, genau so wie andere antithetische Denknotwendigkeiten, z. B. Wirkungsquant und Wirkungsfeld,

Corpusculartheorie und Wellenmechanik, Kausalität und Zielstrebigkeit, Determination und Freiheit — schließlich vielleicht auch Realismus und Idealismus, Monismus und Dualismus, Individualismus und Universalismus. (S. auch HILDEBRANDT über Positivismus und Natur, Z. ges. Naturwiss. **1935**, Einführungsaufsatz.)

[74] Es ist nicht zu verwundern, daß die gewaltige Entwicklung der Physik und Chemie im 19. Jahrhundert oft dazu verführt hat, im Überschwang des Gefühls, „wie herrlich weit man es gebracht habe", die Gesamtheit der Naturgebilde für „physikalisch-chemisch ableitbar" anzusehen. Nach ZEHNDER z. B. *mußten* aus anorganischer Materie Lebewesen entstehen, sobald nur (!) die geeigneten Lebensbedingungen dafür vorhanden waren. Vgl. hierzu auch die vergnüglichen Worte, die CHR. SCHÖNBEIN in einem Briefe an SCHELLING am 25. Mai 1854 schrieb: „Man hatte allerhand außerhalb der Atome liegende Mittel nötig, um diese an und für sich toten Dingerchen herum zu puffen; man leimte ihnen, der Himmel weiß wie, Elektrizitäten, Wärme, Affinitäten usw. auf, gleichsam als Leitseile, an denen man sie hin und her zerre." (In KAHLBAUM, Biographien **2**, 62.) — „Das ist das große unglaubliche *Wunder:* in jedem menschlichen Keim etwa liegt die ganze unendliche Vergangenheit, die Hunderte von Jahrmillionen brauchte und die nun in den neun Monaten der Keimentwicklung wiederholt wird" (BERTALANFFY). (Sollte es indes einem NEWTON-FARADAY-MAXWELL des Lebens dereinst gelingen, aus bestimmten Ur-Tatsachen oder Ur-Annahmen die unendliche Mannigfaltigkeit ganzheitlicher biologischer Daseinsformen — wenn auch nicht das Leben selbst — zwingend abzuleiten, so würde die Nebenfrage auftauchen, ob jene neuen „Ur-Sachen" noch zu Physik und Chemie gerechnet werden sollen.)

[75] Die hohe Mathematik, die von vornherein auf „Veranschaulichung" verzichtet, scheint in dieser Beziehung günstiger gestellt zu sein, so daß wohl tatsächlich eine „mathematische Biologie" ein erstrebenswertes Ziel wäre. Nur muß man sich darüber klar sein, daß eine solche mathematische Biologie, je mehr sie das Gesamtgebiet des Lebenden in Voraussagungen zu *beherrschen* lernt, um so „wirklichkeitsferner" sich darstellen wird, gleich der Physik, die anerkanntermaßen sich mit fortschreitender Anwendung mathematischer Symbole von jeder „Anschaulichkeit", d. h. von der Wirklichkeit mit ihren Qualitäten, die mit Zahlen nicht einmal angedeutet werden können, immer weiter entfernt, so daß von einer „Verstehbarkeit der Weltidee durch das mathematische Gesetz" (LANCZOS) nur in formaler Hinsicht die Rede sein kann. — GOETHE: „Wissenschaften entfernen sich im ganzen vom Leben und kehren nur durch einen Umweg dahin zurück." HEISENBERG: „Der Fortschritt der Naturwissenschaft wurde erkauft durch den Verzicht darauf, die Phänomene in der Natur unserem Denken durch Naturwissenschaft unmittelbar lebendig zu machen. Mit jeder großen Entdeckung werden die Ansprüche der Naturforscher auf ein Verständnis der Welt in ursprünglichem Sinne geringer." (So daß schließlich doch der „Tagesansicht" FECHNERS das letzte Wort bliebe? Der Lichtstrahl etwa „ein seiner Eiweißhülle entkleideter Nerv"? Nach LOTZE gelangt erst in der Lichtempfindung der Lichtstrahl zu Wert und Erfüllung. MAETERLINCK: „Das Licht ist notwendig geistig". Demnach:

„Führerrolle des Seelischen", „in einem seelischen Stufenreich": BECHER, WENZL.)

⁷⁶ Schon jede lebende Zelle ist „ein psychophysisches Doppelwesen" (MEYERHOF), für das der Satz von N. HARTMANN gilt: „Es ist unbegreiflich, wie ein Prozeß als Körpervorgang anfangen und als seelischer Vorgang enden kann und umgekehrt." So kann es auch geschehen, daß das Walten „hormonaler Geheimbünde" im Organismus mit ihren Wirkungen auf das Nervensystem — in normalem und pathologischem Zustand — sich beim Menschen bis in die Sphäre der allgemeinen Sinnes- und Willensrichtung, also bis in Charakter und Temperament hinein erstreckt. (KRETSCHMER, Körperbau und Charakter, S. 238. 1931.) Wenn demnach eine gewisse „Harmonie" des gesamten steuernden Apparates ihr psychisches „Korrelat" besitzt, so wird es schließlich auf solcher Basis auch begreiflich, daß der strebende und schaffende Mensch gerade in denjenigen Augenblicken das beglückende Gefühl höchster Freiheit — als Steigerung des Ich- und Lebensgefühls — in sich trägt, in denen sein Schaffen am stärksten unter dem Zwang des Dämons steht — aber seines eigenen Dämons als einer Ganzheit eigener Ich-Motive! — (S. hierzu auch H. H. MEYER, Naturwiss. **1934**, 598; ferner BERGSON, RUSSELL: Willensfreiheit beim Wollen aus eigensten Motiven des innersten Wesens.)

⁷⁷ Daß es sich für den Menschen — „zugleich Zuschauer und Mitspieler des Lebens" (N. BOHR) — beim wissenschaftlichen „Erklären" und „Begreifen" genau genommen nie um die „Einholung" der „Wirklichkeit" handelt, ist oft ausgesprochen worden. Die sog. „physikalische *Wirklichkeit*" der Wissenschaft kann nur eine geordnete *Nachbildung* (aber eine denknotwendige!) der Wirklichkeit in Zahlen- und Wortsymbolen sein, stetig fortschreitend in der Richtung einer *tauglichen* Nachbildung („zunehmend günstigere Setzungen"), jedoch immer nur bezüglich der *Form* des Weltgeschehens. Und die wahre Wirklichkeit? „Wenn ihr darüber etwas erfahren wollt, befragt die eigene Seele, ihr Sinnen, Ringen und Streben — vielleicht ist sie verdammt, das Spiel mitzuspielen und weiß daher etwas von ihrem Sinn": RIEZLER. Vgl. auch BERGSON, UEXKÜLL u. a., wonach schließlich nur mittels einer Art „Schau" oder „Einfühlung" etwas wie „Verstehen" der Natur dem „Begreifen" sich zugesellen kann, indem das eigene seelische Wesen analogisch und nach dem Leitfaden der Stetigkeit zum Ausgangspunkt eines „Einblickes" in die Natur gemacht wird, soweit ein solcher für den Menschen überhaupt möglich ist; auch MAETERLINCK, DACQUÉ: „Magische Weltsicht" durch ein „inneres Begegnen", „in den Dingen die ewige Idee schauen und wollen." (Indes wird Ehrfurcht vor dem Leben — mit seinen frohen und mit seinen bitteren Qualitäten — wohl noch wichtiger sein als Erkenntnis des Lebens!)

⁷⁸ Vgl. hierzu die Zusammenstellung „unechter" Katalysen S. 77. Wieweit andererseits der Katalysatorbegriff bis in das Reich des Makrokosmos verfolgt werden kann, zeigt sich darin, daß es zur „Materialisation" von Strahlungsenergie im Universum (energiereiches Photon → Elektron + Positron) vorhandener Materie (der Atomkerne) als „Katalysator" bedarf. (BOTHE, Naturwiss. **1933**, 817.)

[79] „Gewiß ist die Zurückführung der Finalität auf zielstrebige Potenzen psychischer oder metaphysischer Art (Wille, Entelechie usw.) für die Naturwissenschaft unfruchtbar; und doch müssen im Reich des Lebens Wirkenszentren gegeben sein, die Richtungsbestimmtheit des Geschehens bewirken." (SAPPER). „Ursachen, Gesetze und Zwecke sind nur in der menschlichen Sprache, nicht in der Natur; in dieser aber ist das Gewebe der Notwendigkeit. Was wir menschlich die Ordnung der Welt nennen, das ist gewiß kein Zufall, das ist aber ein Geheimnis und wird ein Geheimnis bleiben für die Menschensprache" (MAUTHNER). „An ausgezeichneten Stellen schimmern höhere Ordnungsgefüge durch die Welt, die das philosophische Denken zu formulieren sucht" (SPRANGER). „Als ein Gleichnis der Ordnung der Welt" aber erscheint schließlich nicht „die vermeintliche Harmonie des Sternhimmels, sondern die ruhelose Menschheitsgeschichte" (RIEZLER). „Die Welt ist nicht allein Logos, sondern sie ist zugleich und vielleicht im allertiefsten Grunde Eros, sie ist Vernunft und Wille in einem" (BAVINK).

[80] Von Zeitschriftenliteratur sei noch nachgetragen: Naturwiss.: BOHR **1930**, 73; **1933**, 245. — FRANK, PH. **1929**, 971; **1932**, 772. — GRADMANN **1930**, 641. — HEISENBERG **1934**, 669. — HILBERT **1930**, 959. — JORDAN, P. **1927**, 648; **1932**, 815; **1934**, 485. — LAIBACH **1934**, 588. — LANCZOS **1932**, 113. — v. LAUE **1932**, 915; **1934**, 439. — LONDON **1929**, 526. — MEYERHOF **1934**, 311. — MEYER, A. **1934**, 290. — MEYER, H. H. **1934**, 598. — v. MISES **1930**, 146, 885; **1932**, 42; **1934**, 822. — NERNST **1922**, 489. — REICHENBACH **1933**, 601, 624. — RIEZLER **1928**, 705. — SAPPER **1933**, 818. — SCHLICK **1931**, 7, 145. — SPRANGER **1934**, 241. — WEYL **1932**, 57; **1934**, 145.

Forschgn. u. Fortschr.: MEYERHOF **1933**, 84. — STOLTE **1935**, 289. — STICH **1935**, 291. — BAUCH **1935**, 422. — SÖDING **1935**, 439.

Pflügers Arch. **1877**: PFLÜGER (Die teleologische Mechanik der lebendigen Natur). *(Auch gesondert erschienen.)*

Z. ges. Naturwiss.: BENNINGHOFF **1935**, 149. — BERSIN **1935**, 187. — HILDEBRANDT **1935**, 1. — MEYER, A. **1935**, 106. — v. UEXKÜLL **1935**, 36. — WEBER, H. **1935**, 95.

Science (N. Y.): SMUTS **1931**, 297; desgl. in Nature: **1931**, 483.

Buchliteratur:

ALVERDES, FR., Die Totalität des Lebendigen. 1935.
BAVINK, B., Ergebnisse und Probleme der Naturwissenschaften. 5. Aufl. 1933.
BECHHOLD, H., Die Kolloide in Biologie und Medizin. 5. Aufl. 1929.
BERG, G., Das Leben im Stoffhaushalt der Erde. 1936.
BERGMANN, K., Der Kampf um das Kausalgesetz. 1929.
BERGSON, H., Einführung in die Metaphysik. Deutsch 1929.
BERTALANFFY, L. v., Kritische Theorie der Formbildung. 1928 — Theoretische Biologie. 1932. (Mit reichen Literaturangaben.)
BLEULER, E., Die Psychoide als Prinzip der organischen Entwicklung. 1925.
BORN, M., Über den Sinn der physikalischen Theorien. 1929.
DEMOLL, R.: Instinkt und Entwicklung. 1934.
DINGLER, H., Die Grundlagen der Naturphilosophie. 1913; u. a. m.
DRIESCH, H., Naturbegriffe und Natururteile. 1904 — Der Begriff der or-

ganischen Form. 1919 — Philosophie des Organischen. 4. Aufl. 1928 — Geschichte des Vitalismus. 2. Aufl. 1922 — Leben, Tod, Unsterblichkeit. In: Senckenberg-Schriften 2 (1926) — Philosophische Gegenwartsfragen. 1933 — Die Maschine und der Organismus. 1935.
EHRENBERG, R., Theoretische Biologie. 1923.
EULER, H. v., Biokatalysatoren. 1930.
EDDINGTON, A. S., Das Weltbild der Physik. Deutsch 1931 — Die Naturwissenschaft auf neuen Bahnen. Deutsch 1935.
FECHNER, G. Th., Einige Ideen zur Schöpfungs- und Entwicklungsgeschichte der Organismen. 1873.
FOREL, A., Gehirn und Seele. 1894.
FRANK, PH., Das Kausalgesetz und seine Grenzen. 1932.
FRANKENBURGER, W., u. F. DÜRR, Katalyse. 1930.
FREUNDLICH, H., Kolloidchemie und Biologie. 1924.
FRIEDMANN, H., Die Welt der Formen. 2. Aufl. 1930.
GOLDSTEIN, K., Der Aufbau des Organismus. 1935.
GOLDSCHMIDT, R., Vererbungslehre (Verständliche Wissenschaft) — Physiologische Theorie der Vererbung. 1927.
GOTTSCHALK, A., Begriff des Stoffwechsels in der Biologie. 1921.
GURWITSCH, A., Versuch einer synthetischen Biologie. 1923 — Die histologischen Grundlagen der Biologie. 1930 — Die mitogenetische Strahlung. 1932.
HABER, FR., Über die Grenzgebiete der Chemie. (Aus Leben und Beruf.) 1927.
HAERING, TH., Naturphilosophie in der Gegenwart. 1933.
HALDANE, J. S., Die philosophischen Grundlagen der Biologie. Deutsch 1932.
HARTMANN, M., Allgemeine Biologie. 2. Aufl. 1933 — Biologie und Philosophie. 1925.
HARTMANN, N., Philosophische Grundfragen der Biologie. 1912 — Grundzüge einer Metaphysik der Erkenntnis. 2. Aufl. 1925.
HEIDENHAIN, M., Formen und Kräfte in der lebendigen Natur. 1923.
HEISENBERG, W., Wandlungen in den Grundlagen der Naturwissenschaft. 1935.
HENDERSON, L., Die Umwelt des Lebens. Deutsch 1914.
HERTWIG, R., Kausale Erklärung der tierischen Organisation. 1910.
HÖBER, F., Physikalische Chemie der Zelle und der Gewebe. 1. Aufl. 1902, 6. Aufl. 1926.
JEANS, J., Die neuen Grundlagen der Naturerkenntnis. Deutsch 1934.
JENSEN, B., Die Wuchsstofftheorie. 1935.
JENSEN, P., Reiz, Bedingung und Ursache in der Biologie. 1921.
JORDAN, H. J., Allgemeine vergleichende Physiologie der Tiere. 1929.
JORDAN, P., Physikalisches Denken in der neuen Zeit 1935.
JUST, G., Der Zufall im organischen Geschehen. 1925.
KIESEL, A., Chemie des Protoplasmas. 1930.
KLEIN, G., Der Ring des Lebens. 1925.
KOEHLER, O., Das Ganzheitsproblem in der Biologie. (Schr. Königsb. Gel. Ges.) 1933.
KÖHLER, Wo., Physische Gestalten. (Verh. Phil. Akad. Erlangen.) 1924.

Kottje, Fr., Erkenntnis und Wirklichkeit. 1926. (Beitr. Ann. Philos.)
Krehl, L., Über die Naturheilkunde. 1935.
Kries, J. v., Materielle Grundlagen der Bewußtseinserscheinungen. 1901 — Immanuel Kant und seine Bedeutung für die Naturforschung der Gegenwart. 1924.
Laquer, Fr., Hormone und innere Sekretion. 2. Aufl. 1934.
Lehmann, E., Die Grundlage des Lebendigen. 1934.
Lehmann, Fr. M., Logik und System der Lebenswissenschaften. 1935.
Lieben, Fr., Geschichte der physiologischen Chemie. 1935.
Liesegang, R. E., Beiträge zu einer Kolloidchemie des Lebens. 3. Aufl. 1923.
Lippmann, E. v., Urzeugung und Lebenskraft. 1933.
Lodge, O., Leben und Materie. Deutsch 1908.
Loeser, A., Psychologische Autonomie des organischen Handelns. 1931.
Lotze, H., Der Zusammenhang der Dinge. III. Bd., 3. Buch des Mikrokosmos. 1856ff.
Lundegardh, H., Grundzüge einer chemisch-physikalischen Theorie des Lebens. 1914.
Mauthner, Fr., Wörterbuch der Philosophie. 1910.
Meyer, A., Ideen und Ideale der biologischen Erkenntnis. 1934 — Krisenepochen und Wendepunkte des biologischen Denkens. 1935.
Michaelis, L., Oxydations- und Reduktionspotentiale. 2. Aufl. 1933.
Mittasch, A., u. E. Theis, Von Davy bis Döbereiner bis Deacon. (Grenzflächenkatalyse.) 1932.
Much, H., Was ist das Leben? 1929.
Müller, M., Das Denken im Lichte der Sprache. Deutsch 1888.
Müller, L. R. (Erlangen), Über den Instinkt. 1929.
Oldekop, E., Das hierarchische Prinzip in der Natur. 1930.
Ostwald, W., Philosophie der Werte. 1914 — Abhandlungen und Vorträge. 1916. (S. 282: Vortrag 1903 über Biologie und Chemie.)
Ostwald, Wo., Die Welt der vernachlässigten Dimensionen. 10. Aufl. 1927 — Metastrukturen der Materie. 1935.
Planck, M., Wege zur physikalischen Erkenntnis. (Reden und Vorträge.) 1933 — Die Physik im Kampf um die Weltanschauung. 1935.
Przibram, H., Aufbau einer mathematischen Biologie. 1919.
Ranke, K. E., Die Kategorien des Lebendigen. 1928.
Reichenbach, H., Ziele und Wege der heutigen Naturphilosophie. 1931.
Reinke, J., Grundlagen einer Biodynamik. 1922.
Rignano, E., Das Leben in finaler Auffassung. 1927.
Rudy, H., Die biologische Feldtheorie. 1931.
Russel, B., Unser Wissen von der Außenwelt. Deutsch 1926.
Sapper, K., Biologie und organische Chemie. 1930 — Naturphilosophie 1928.
Schade, H., Bedeutung der Katalyse für die Medizin. 1907 — Die physikalische Chemie in der inneren Medizin. 3. Aufl. 1923.
Schäfer, E. A., Das Leben. 1913.
Schaxel, J., Über die Darstellung allgemeiner Biologie. 1919.
Schlick, M., Allgemeine Erkenntnislehre. 1918.

SCHÖNBEIN, C. F., Bedeutung und Endzweck der Naturforschung. 1853.
SCHRÖDINGER, E., Über Indeterminismus in der Physik u. a. 1932.
SCHULTZ, J., Die Grundfiktionen der Biologie. 1920.
SCHWAB, G. M., Die Katalyse vom Standpunkt der chemischen Kinetik. 1931.
SEMON, R., Die Mneme als erhaltendes Prinzip im Wechsel des organischen Geschehens. 5. Aufl. 1920.
SIHLE, M., Das Urphänomen des Lebens. 1935.
SPEMANN, H., Neueste Ergebnisse entwicklungsphysiologischer Forschung. 2. Aufl. 1935.
STEINMANN, P., Teleokausalität oder die Fiktion der gerichteten Ursächlichkeit. 1932.
UEXKÜLL, J. v., Theoretische Biologie. 2. Aufl. 1928.
UEXKÜLL, J. v., u. G. KRISZAT, Umwelten von Tieren und Menschen. (Verständliche Wissenschaft.)
UNGERER, E., Die Teleologie Kants. 1922.
VERWORN, M.: Kausale und konditionale Weltanschauung. 1928.
WARBURG, O., Katalytische Wirkung der lebendigen Substanz. 1928.
WEISS, P., Aus den Werkstätten der Lebensforschung. (Verständliche Wissenschaft.)
WENZL, A., Metaphysik der Physik von heute. 1935.
WIESNER, J. v., Erschaffung, Entstehung, Entwicklung. 1916.
WINTERSTEIN, H., Kausalität und Vitalismus. 2. Aufl. 1928.
WOLFF, G., Leben und Erkennen. 1933.
WOLTERECK, R., Grundzüge der allgemeinen Biologie. 1932.
WUNDT, W., Sinnliche und übersinnliche Welt. 1914.
ZEHNDER, L., Entstehung des Lebens aus mechanischen Grundlagen entwickelt. 1900.

Nachwort.

Wenn in den vorausgegangenen Erörterungen nicht immer wieder auf den problematischen, d. h. vielfach hypothetischen und heuristischen Charakter der versuchten allgemeineren biologischen Durchführung des Katalysatorbegriffes hingewiesen werden konnte, so sei doch zum Schluß nochmals betont, daß das Ganze nur ein „Freimachen der Bahn" und eine *Frage an den Biologen* sein soll, auf die in experimenteller und gedanklicher Arbeit allmählich endgültige und die Wissenschaft fördernde Antworten zu erreichen sein werden. So möchte denn der Verfasser auch hoffen, daß der Vorwurf, den einst LIEBIG gegen BERZELIUS' Katalysebegriff erhoben hat (GEIGERs Jahrbuch für Pharmazie, 5. Aufl., erschienen 1843), ihm für seine Anregung einer verstärkten Anwendung jenes Begriffes im Gesamtbereich der Biologie nicht allzuoft zuteil werden wird: „Die Annahme einer neuen

Kraft ist der Entwicklung der Wissenschaft nachteilig, indem sie den menschlichen Geist scheinbar zufriedenstellt und auf diese Art den weiteren Forschungen eine Grenze setzt." Wenn jedoch das Aufstellen des chemisch-biologischen Katalysebegriffes einst kein Fehler gewesen ist — wie die Tatsache beweist, daß ihn nach anfänglichen Anfechtungen weiterhin kein Entthronungsversuch mehr betroffen hat —, dann wird die hier gegebene Anregung einer erweiterten und noch allgemeineren Anwendung jenes Begriffes vielleicht auch kein Fehler sein.

Freilich „kann sich Simplismus, anfangs Tugend, zum Laster verkehren" (O. KOEHLER); jedoch der Geist der Biologie wird schon dafür sorgen, daß die „Katalyse" keine Verflachung erfährt, d. h. daß eine Begriffsbestimmung, die durchweg Aufforderung und Ansporn sein soll, nicht zum Schlummerkissen wird, und daß über dem notwendigen „Verbinden" nicht das ebenso notwendige „Unterscheiden" leidet. Als besonders wichtige Aufgabe für die Zukunft erscheint es dabei, zu verfolgen, wie gerichtete katalytische Vorgänge und gerichtete sonstige chemische und kolloidchemische Vorgänge miteinander verwoben sind, unter der Herrschaft „höherer Impulse und Potenzen" stehend, die im lebenden Organismus aus der unendlichen Gesamtheit des Einzelgeschehens eine zeiträumlich fließende Ganzheit besonderer Art machen.

„Viel Analyse, bescheiden in der Synthese und als Ziel das Leben als Ganzes!" (H. J. JORDAN.)

„Alles ist einfacher, als man denken kann; zugleich verschränkter, als man begreifen kann."

(Goethe)

Zum Schlusse sei allen denjenigen naturwissenschaftlichen Fachgenossen herzlich gedankt, die dem Verfasser mit sachlichem Rat und mit fachmännischer Kritik beigestanden haben; ein besonderer Dank gebührt namentlich den Herren Professor Dr. G. BREDIG (Karlsruhe), Professor Dr. F. EICHHOLTZ (Heidelberg), Dr. W. FRANKENBURGER (Ludwigshafen a. Rh.), Dozent Dr. H. FROMHERZ (München), Dr. O. HEINICHEN (Heidelberg), Professor Dr. Wo. OSTWALD (Leipzig) und Dr. H. RUDY (Heidelberg).

Namenverzeichnis.

Abderhalden 18, 21, 32, 36.
Abel, E. 10, 11.
Alverdes 67, 73, 111.
Anschütz, L. 18.
Armstrong 8, 20.
Arndt 44.
Aschoff 110.
Bach 99.
v. Baer 43, 63, 65, 111.
Barger 34.
Bauch 59, 69.
Bautzmann 39.
Bavink 56, 67, 77, 85, 91, 102, 105 ff., 114 ff., 118.
Becher 63.
Bechhold 25, 28, 30, 48, 82, 84, 100, 109, 114.
v. Behring 8.
Benninghoff 67, 72.
Berger 105.
Bergius 97.
Bergson 104, 112, 117.
Berl 12.
Bernard 79.
Bersin 101.
Bertalanffy 28, 39, 41, 43, 51, 73 ff., 82 ff., 105, 108, 111, 113, 116.
Berthelot 1.
Berthold 33.
Berzelius 1 ff., 10, 16, 17, 27, 30, 32, 50, 54, 60, 78 ff., 92, 95, 99, 121.
Bethe 72, 102, 105.
Bichat-Stahl 113.
Bier 79.
Bierens de Haan 104.

Bjerrum 11.
Blaauw 103.
Blackman 110.
Bleuler 78, 109.
Blumenbach 1, 112.
Bodenstein 10, 98, 99.
Bohr 115, 117.
Bonhoeffer 98.
Bosch 97.
Bothe 117.
Boutroux 105.
Boveri 40, 77, 112.
Bredig 6, 9, 11, 23, 25 ff., 31, 37, 96, 99, 101.
Brode 11.
Brönsted 11.
Buchner, E. 24, 27, 100.
Büchner 84.
Bunsen 77.
Butenandt 36.
Carnap 106.
Caspari 33.
Child 52, 77, 91, 105.
Christian 24, 35.
Chrysippos 59.
Clément 19.
Clusius 98.
Correns 40.
Dacqué 114, 117.
Davy, H. 95, 97.
Deacon 95.
Dehlinger 77.
Demoll 46, 103.
Desormes 19.
Dingler 51.
Döbereiner 2, 9, 95.
Doelter 113.
Doerr 29.

Domagk 29.
Driesch 15, 28, 43, 45, 50 ff., 54, 56, 60, 66 ff., 73, 77, 80, 87 ff., 91, 95 ff., 100 ff., 106 ff., 111 ff.
Dufrénoy 102.
Dürr 30, 96, 97.
Eckell 8.
Eddington 59, 114.
Ehrenberg 27, 73.
Ehrlich, P. 8, 28.
Eichholtz 30, 37, 101.
Engler 99.
Escherich, K. 73.
v. Euler 18, 22, 32, 42, 99, 100, 102.
Eyring 98.
Fajans 26, 101.
Färber 95.
Faraday 9, 116.
Fechner 66, 73, 116.
Ficke 26.
Fischer, B. 39.
— E. 1, 21.
— Franz 96, 97.
— F. G. 39.
Forel 105.
Frank, Ph. 106, 115.
Frankenburger 10, 12 ff., 22, 30, 96 ff.
Franz 110.
Freundlich 84, 108.
Frey-Wyssling 30.
Fricke 8.
Friederichs 73.
Friedmann 87.
Funk 35.

Galilei 80.
Gellhorn 34.
Gerstner 26.
Gicklhorn 82.
Gmelin, F. 95.
Goebel 45, 74.
Goerttler 39.
Goethe 62, 72, 116, 122.
Goldschmidt, H. 11.
— R. 39, 40, 41, 49.
— V. 111, 113.
Goldstein 74, 105, 110.
Gottlieb 77.
Gottschalk 29.
Gradmann 73.
Gren 95.
Grimm, H. G. 98.
Gurwitsch 15, 43, 45, 52, 67, 73 ff., 83, 105, 111, 112.

Haber 11, 12, 23, 97, 99.
Haberlandt 27, 33.
Haering 112.
Hagedoorn 42.
Hämmerling 40, 103.
Haldane 72, 87, 99, 111.
Hale 99.
Harington 34.
Harrison 26.
v. Hartmann, E. 63, 112.
Hartmann, M. 44, 60, 67, 103, 106, 113.
— N. 55, 106, 117.
Hasebroek 26.
Hatschek 114.
Hebbel 113.
Hegel 114.
Heidenhain 60, 111, 112.
Heinichen 109.
Heisenberg 58, 59, 83, 115, 116.
Helmholtz 105.
Henderson 53.
Henry, W. C. 97.
Herbst 45.
d'Hérelle 28.
Hering 77.

Herlinger 113.
Hermann, Gr. 59.
Hertwig, O. 56.
—, R. 60, 111.
Hertz 58, 105.
Hesse, R. 42, 72.
Hildebrandt 116.
Hilditch 8.
Hill 17, 20.
Hinshelwood 11.
His 39.
Höber 4, 17, 20, 27, 36.
van't Hoff 95.
Hofmeister 27, 48.
Holtfreter 39.
Hopkins 23.
Horstmann 97.
Hughes 11.
Hüttig 8, 12.
Irvin 19.

Jean Paul 88.
Jensen, B. 102.
— P. 60, 103.
Joël 106.
Jordan, H. J. 122.
— P. 107, 108.
Just, G. 69, 112.

Kabeshiwa 28.
Kant 1, 55, 63, 65, 80, 108, 110 ff.
Karrer 35.
Kautsky 100.
Keilin 24, 105.
Kendall 34.
Kessler 16.
Kirchhoff, G. 19.
— G. R. 56.
Klebs 103.
Klein, G. 20, 101, 103.
Knoop 99.
Koch, R. 8.
Kögl 33, 36, 102.
Koehler, O. 59, 60, 106, 107, 110, 122.
Köhler, W. 66, 105, 111.

Kolbe 1, 95.
Kossel 115.
Kottje 53, 67, 105.
Krauch 97.
v. Krehl 110.
Kretschmer 117.
v. Kries 55, 72.
Krüger 110.
Kühn 42, 102.
Kühne 18.
Kuhlmann 97.
Kuhn, R. 21, 24, 27, 35.

Laibach 33, 102.
Lanczos 116.
Lange 99.
Langenbeck 26, 101.
Laplace 107.
Laquer 102.
v. Laue 59.
Le Chatelier 61.
Leduc 114.
Lehmann, Fr. M. 85, 111.
— O. 114.
Leibniz 78, 106.
Lieben 30.
Liebig 33, 78, 95, 99, 100, 121.
Liesegang 74, 84.
v. Lippmann 59, 95, 96.
Lodge, O. 83, 91, 107, 110, 111, 114, 115.
Loeb, J. 27, 44, 45, 102.
Loeser 60, 104, 109, 113.
Loew, O. 19.
Lohmann 24.
Lotze 70, 75, 79, 91, 95, 105, 106, 110, 111.
Lowry 11, 98.
Ludwig 54.
Lundegardh 28, 60.
Luther, R. 99, 103.

Mach 56, 86, 106.
McIntosh 37.
Maeterlinck 85, 116, 117.
Manchot 99.
Mangold 39.

Namenverzeichnis. 125

Mark 10, 97.
Marum 19.
Mauthner 55, 67, 115, 118.
Maxwell 106, 116.
Mayer, R. 107.
Mendel 43, 108.
Menten 110.
Mercer 97.
Meyer, A. 59, 66, 87, 111.
— H. 77.
— H. H. 59, 117.
Meyerhof 17, 24, 87, 99, 108, 110, 115, 117.
Michaelis 15, 18, 22 ff., 96, 99, 100.
Mill, St. 105.
v. Mises 59, 108, 115.
Mitscherlich, E. 2.
Mittasch 9, 95, 96, 97, 101.'
Moleschott 84.
Monakow 78.
Morgan 40, 111, 112.
Much 45, 85, 104, 111.
Müller, E. 26.
— J. 82.
— L. R. (Erlangen) 45, 103.
— M. 71, 87.

Nernst 96, 107.
Neuberg 18, 21, 24, 104.
Newton 80, 106, 116.

Oldekop 74, 78, 86, 87, 89, 111.
Oppenheimer 50, 99.
Ostwald, W. 3, 10, 17, 44, 58, 77, 82, 89, 93, 95, 97, 99, 102.
— Wo. 13, 31, 84, 96.

Paneth 114.
Paracelsus 18, 79.
Parmentier 19.
Pasteur 8, 24, 100.
Pauli, W. 84.

Paulsen 105, 113.
Payen 2.
Pelouze 1.
Perrin 108.
Persoz 2.
Pfeffer 43, 102, 103.
Pflüger 78, 104, 109, 113.
Philipson 102.
Pier 91.
Plagge 33.
Planck 56, 59, 60, 106 ff., 111, 115.
Plato 74.
Playfair 97.
Polanyi 98, 99.
Priestley 19.
Przibram 40, 114.
Pütter 67.
Pyl 29.

Ranke, K. E. 65, 67, 87, 88, 106.
Reed 102.
Reichenbach 108.
Reinke, J. 15, 43, 67, 100, 107 ff., 111 ff.
Retgers 113.
Rhumbler 114.
Riemann 105.
Riezler 87, 117, 118.
Rignano 28.
Rinne 113, 114.
de la Rive 97.
Rosenthaler 21.
Rost 101.
Roux 43, 106, 109, 117.
Rubner 24, 77, 107.
Rudy 74, 105.
— (Heidelberg) 102.
Runge 114.
Russell, B. 55, 106, 117.

Sabatier 97.
Sachs, J. 39.
Sapper 118.
Sauter 97.
Schade 4, 13, 16, 25 ff., 30, 33 ff., 45, 48, 53, 72, 82, 83, 95, 103, 109.

Schäfer, E. A. 41, 77, 102.
Schaer 99.
Scharrer 30.
Scheele 19.
Schelling 116.
Schilow 99.
Schleiden 95.
Schlick 59, 106.
Schmalfuß 17, 26, 42.
Schmid, H. 12. 98.
Schmidt, O. 97, 98.
Schneider, Chr. 97.
— K. C. 82.
Schöberl 99.
Schönbein 12, 16, 19, 26, 88, 116.
Schopenhauer 60, 95.
Schrödinger 59, 106, 108, 111.
Schultz, J. 15, 115.
Schulz 44.
Schwab, G. M. 8, 26, 31, 96, 97, 101.
Schweigger 11.
Semenoff 99.
Semon 78.
Sigwart 63.
Sihle 112.
Skrabal 6, 11, 96, 99.
Smekal 8.
Smuts 114, 115.
Sommer 25.
Spann 110.
Spek 80, 114.
Spemann 39, 43, 72, 77.
Spencer 110, 112.
Spranger 118.
Starling 33.
Steinmann 55, 67, 106, 109, 112.
Stich 102.
Stock 53, 101.
Stohmann 88.
Stolte 77.
Stolz 34.
zur Straßen 112.
Strecker 16.

Stubbe 42.
Sutton 40.
Taylor, H. S. 8, 11.
Theis 95, 97.
Thénard 2, 19, 100.
Theorell 24, 35.
Tigerstedt 103.
Tillmans 36.
Titius 66.
Traube, J. 9.
— M. 99.
Trautz 10, 25.
Turner 9.
v. Uexküll 43, 52, 63, 103, 117.
Ungerer 67, 74, 86, 105, 109, 110.
Vaihinger 115.
Vannoy 99.
Venzmer 96.
Vernon 101.
Verworn 56, 106, 113.
Vogt 39.
Volkmann 59.

Wagner, J. 99.
Wagner-Jauregg 24.
Walden 95.
Waldschmidt-Leitz 18, 99, 100.
Warburg, O. 9, 11, 23, 24, 31, 35, 99, 100, 105.
Wegler 101.
Wegscheider 11, 98.
Weidenhagen 21.
v. Weinberg, A. 95.
Weismann 40, 115.
Weiss, P. 43, 52, 60, 74, 75, 105, 111.
v. Weizsäcker 73.
Went 33, 102.
Wenzl, A. 111, 112, 117.
v. Wettstein, F. 41, 60.
Weyl 80.
Whitehead 111.
Wieland 24, 99.
Wiesner 109.
Wigglesworth 33.

Wildiers 33.
Willstätter 4, 9, 12, 18, 22, 23, 54, 95, 99.
Wilson, E. W. 39.
Windaus 36.
Windelband 69.
Winternitz 106.
Winterstein 57, 105, 113.
Wöhler, Fr. 1, 50, 95, 101.
Woker 97.
Wolff, G. 60, 61, 109, 111.
— H. 98.
Woltereck 73, 107.
Woodger 73, 111.
Wundt 54, 63, 65, 77, 89, 100, 105, 106.
Zehnder 116.
Ziegler, O. 67.
Ziese 20.
Zimmer 109.
Zondek 102.
Zwaardemaker 107.

MIX
Papier aus verantwortungsvollen Quellen
Paper from responsible sources
FSC® C105338

If you have any concerns about our products,
you can contact us on
ProductSafety@springernature.com

In case Publisher is established outside the EU,
the EU authorized representative is:
**Springer Nature Customer Service Center GmbH
Europaplatz 3, 69115 Heidelberg, Germany**

Printed by Libri Plureos GmbH
in Hamburg, Germany